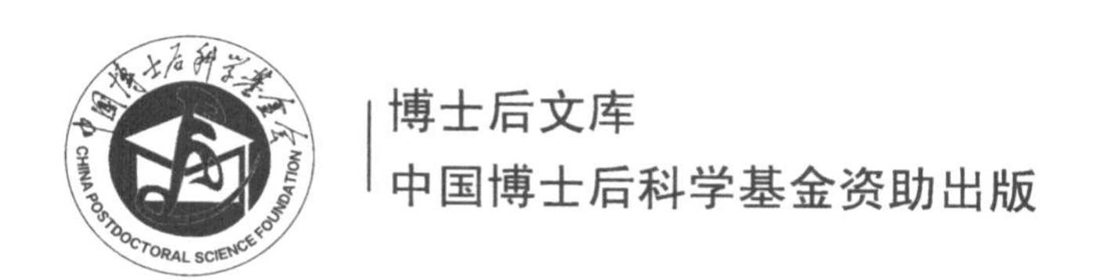

基于本体的多尺度空间数据模型及其一致性研究

黄 慧 著

科 学 出 版 社
北 京

内 容 简 介

本书系统地阐述了多尺度空间数据模型的构建及其一致性评价的实现。全书共分6章，第1章为绪论，介绍了课题的研究背景和意义等；第2章为多尺度地理空间认知，系本书的理论基础，在地理空间及尺度认知的基础上，提出多尺度地理空间的抽象模型；第3章为基于本体的多尺度空间数据模型，从本体的角度来分析空间数据的空间、时间及语义特征，并构建了多尺度空间数据模型；第4章为多尺度空间数据的一致性评价，在给出了多尺度空间数据一致性概念、分类、评价标准的基础上，建立了多尺度空间数据的一致性评价模型；第5章为保持多尺度空间数据的更新，在介绍了多尺度数据更新研究内容、方法的基础上，给出了一套可行的多尺度空间数据更新方案、一致性的空间数据更新方案；第6章为应用实例，基于本书的理论构建了一个实验系统用于验证模型的效果。本书结构严谨，原理和方法结合紧密，丰富的图表和应用实例便于读者学习。

本书既可供地球信息科学、地学相关学科的科研人员、研究生及本科生等学习，又可供从事地理信息服务行业的开发人员及相关大专院校师生参考。

图书在版编目（CIP）数据

基于本体的多尺度空间数据模型及其一致性研究/黄慧著. —北京：科学出版社, 2017.3

（博士后文库）

ISBN 978-7-03-051922-1

Ⅰ. ①基… Ⅱ. ①黄… Ⅲ. ①空间信息系统–数据模型–一致性–研究 Ⅳ. ①P208.2

中国版本图书馆 CIP 数据核字(2017)第 038113 号

责任编辑：李 迪 / 责任校对：郑金红
责任印制：赵 博 / 封面设计：刘新新

科学出版社 出版
北京东黄城根北街 16 号
邮政编码：100717
http://www.sciencep.com
北京凌奇印刷有限责任公司印刷
科学出版社发行 各地新华书店经销
*
2017 年 3 月第 一 版 开本：720×1000 B5
2018 年 1 月第三次印刷 印张：10 3/4
字数：200 000
定价：88.00 元

《博士后文库》序言

1985 年，在李政道先生的倡议和邓小平同志的亲自关怀下，我国建立了博士后制度，同时设立了博士后科学基金。30 多年来，在党和国家的高度重视下，在社会各方面的关心和支持下，博士后制度为我国培养了一大批青年高层次创新人才。在这一过程中，博士后科学基金发挥了不可替代的独特作用。

博士后科学基金是中国特色博士后制度的重要组成部分，专门用于资助博士后研究人员开展创新探索。博士后科学基金的资助，对正处于独立科研生涯起步阶段的博士后研究人员来说，适逢其时，有利于培养他们独立的科研人格、在选题方面的竞争意识以及负责的精神，是他们独立从事科研工作的“第一桶金”。尽管博士后科学基金资助金额不大，但对博士后青年创新人才的培养和激励作用不可估量。四两拨千斤，博士后科学基金有效地推动了博士后研究人员迅速成长为高水平的研究人才，“小基金发挥了大作用”。

在博士后科学基金的资助下，博士后研究人员的优秀学术成果不断涌现。2013 年，为提高博士后科学基金的资助效益，中国博士后科学基金会联合科学出版社开展了博士后优秀学术专著出版资助工作，通过专家评审遴选出优秀的博士后学术著作，收入《博士后文库》，由博士后科学基金资助、科学出版社出版。我们希望，借此打造专属于博士后学术创新的旗舰图书品牌，激励博士后研究人员潜心科研，扎实治学，提升博士后优秀学术成果的社会影响力。

2015 年，国务院办公厅印发了《关于改革完善博士后制度的意见》（国办发〔2015〕87 号），将“实施自然科学、人文社会科学优秀博士后论著出版支持计划”作为“十三五”期间博士后工作的重要内容和提升博士后研究人员培养质量的重要手段，这更加凸显了出版资助工作的意义。我相信，我们提供的这个出版资助平台将对博士后研究人员激发创新智慧、凝聚创新力量发挥独特的作用，促使博士后研究人员的创新成果更好地服务于创新驱动发展战略和创新型国家的建设。

祝愿广大博士后研究人员在博士后科学基金的资助下早日成长为栋梁之才，为实现中华民族伟大复兴的中国梦做出更大的贡献。

中国博士后科学基金会理事长

前　言

多尺度空间数据的表达与处理是当今地理信息科学领域理论与方法研究的前沿性问题，也是国家空间数据基础设施和数字地球的重要内容。多尺度空间数据的质量及不同尺度空间数据间的一致性维护是多尺度空间数据成功应用的前提。随着地理空间信息的使用群体越来越大，应用范围越来越广，用户对多尺度空间数据的多元化及面向需求特征的要求越来越高，如何使用户在海量的多尺度空间信息中快速找到最合适的多尺度空间数据，是目前多尺度空间数据应用的主要问题，因此，需要在多尺度空间数据的描述中表达用户需求相关信息，并提供面向需求的多尺度空间数据的一致性评价方法，从而来比较不同数据源的多尺度数据与用户需求的接近程度。

在互联网时代，多尺度空间数据来源于分布在各地的数据提供者，有效使用这些多尺度空间数据必须实现多尺度空间数据间的共享和互操作。同时，对于这些多尺度空间数据间的一致性评价也要能根据用户需求进行多因素综合评价。本书从多尺度空间数据建模的本体出发，在对多尺度空间数据的尺度特征、空间关系本体、语义本体及时间本体进行研究分析的基础上，提出一种基于本体的多尺度空间数据模型，然后探讨了多尺度空间数据一致性评价指标体系和面向需求的空间要素集划分方法，在此基础上，提出了一个面向需求的多尺度空间数据一致性评价模型，并给出了一个多尺度空间数据更新方案，旨在对多尺度空间数据建模及维护更新提供参考。

本书是在教育部人文社会科学研究青年基金项目“农业产业集群的时空变异与生态效率研究——湖北省的实证研究”（12YJC790069）及博士后科学基金面上项目“农产品加工产业集群的组织结构优化与绩效提升策略研究”（2015M572172）的资助下，由笔者的研究成果凝练集结而成。尽管笔者以认真的态度开展研究工作，力求在理论及实践上取得创新性的研究成果，但由于从本体的角度来研究多尺度数据模型及其一致性问题尚属于一个全新的视角，可参考的研究成果不多，这无疑增大了本研究的难度；同时也由于笔者的研究能力与写作水平限制，因此，在理论、研究方法和学术观点等方面，可能存在许多有待改进及进一步完善之处，在此敬请读者批评指正。

黄　慧

2016 年 6 月于武汉

目　　录

第1章　绪　　论

尺度问题是一个古老的问题，是包括地理信息科学在内的各种学科中最重要、但迄今为止仍未解决的问题之一（Li，1999；Bruegger，1995），它是人们认知地理对象、地理空间和地理现象的基础（Montello，1993；UCGIS，1996）。作为认知主体的人类由于不同的文化背景，认识客观世界的角度不同，而对于不同的应用目的也需要用不同的方式来表达同一地理现象。因而空间数据的多尺度表达与处理是符合人类思维习惯的一种自然表示方法。随着信息和知识时代的来临，人类对地理信息的需求结构向知识化方向发展，传统的地理信息系统也逐步向地理信息数据的集成和网络地理服务转移，空间数据的信息服务将成为主要需求。人类需求的多元化决定了空间数据处理和显示的多样性，并成为地理信息系统实际应用的核心问题之一。

1.1　研究背景和现状

1.1.1　空间数据的多尺度表达

由于人类的认知能力和接收信息量的有限性，不可能观察地理世界的所有细节，因此尺度必定是所有地理信息的重要特征。加之许多地理现象和过程的尺度行为并非按比例线性或均匀变化，相应地需要研究地理实体在不同尺度上的表达，以及实体表达随尺度变化的规律。因此，如何为用户提供多尺度的空间数据，并对多尺度的空间数据进行有效的存储、处理和输出成为地理信息系统伴随信息和知识时代到来而出现的新课题。随着数字地球、数字省、数字区域和数字城市研究与应用的深化，多尺度空间数据模型理论与实现技术的研究已经成为美国地理信息系统（Geographic Information System，GIS）研究的热点之一（龚健雅等，2000；陈军和蒋捷，2000；Jones and Kidner，1996）。

国内外的地理信息组织和专家都将空间数据的多尺度表达和处理列为重点研究课题：美国国家地理信息与分析中心（National Center for Geographic Information & Analysis，NCGIA）于1988年在其创新研究计划中提出研究空间数据的多重表示问题（Buttenfield and Delotto，1989a；Buttenfield，1993；NCGIA，1993）；1992年SMALLWORLD的Richard G. Newell等将空间数据多尺度处理与表示列入GIS领域十大困难问题之一（Newell and Theriault，1992）；1996年6月美国大学地理信息科学协会（University Consortium for Geographic Information Science，UCGIS）也将该问题列为未来十年地理信息科学的十个优先研究领域之一（UCGIS，1996）；1997 年 NCGIA 的 VARENTUS 基金将“地理细节的形式化概念”列为高度优先的认知研究项目，以研究信息认知中的尺度、详细程度及多尺度表示等多方面的问题（NCGIA，1997；Mark et al.，1999）；在一系列国际 GIS 与地图学大会上，“Multi-Scale GIS”均被列为中心议题（Jones，1991；Egenhofer et al.，1994c；Timpf and Frank，1995；NCGIA，1997；UCGIS，1998）；在 1995 年（西班牙巴塞罗那）和 1997 年（瑞典斯德哥尔摩）两届国际制图协会会议上，多篇与该问题有关的论文亦被列为大会重点宣读的行列（Oosterom and Schenkelaars，1995；Govorov，1995；Woodsford，1995）；2001 年 NCGIA 再次将空间数据的多种表达方式问题列为美国当代 GIS 研究的 19 个方向之一（张永忠译，2001）；国际摄影测量学会（ISPRS）数据综合与数据挖掘工作组联合国际制图协会（ICA）地图综合委员会也于 2002 年 7 月在加拿大渥太华以“空间数据的多尺度表达”为主题召开学术会议，研讨与多尺度表达有关的基础理论及应用领域内的有关问题（ISPRS，2002）。中国地理信息系统协会第二届年会（1996）的“数据库和数据模型”分会场的热门话题之一也是多比例尺 GIS。在国家构建“数字中国”地理空间基础框架的总体战略中也将空间数据的多尺度表达列入地理空间数据库关键技术研究的核心问题之一。同时，国家自然科学基金委员会也将地理空间尺度及基于尺度的智能化自动综合列为优先资助领域。

随着人们对尺度问题重要性认识的加深，空间数据的多尺度问题的研究范围也越来越广泛和深入。1993 年 NCGIA 为空间数据的多尺度表达问题定义了数据模型、多重表示之间的连接、所实现视图的维护、空间模拟、综合问题等 5 个研究领域（Buttenfield，1993）。UCGIS（1998）认为未来的 GIS 应该是尺度依赖的，应该为用户提供尺度管理工具。为此应该研究：开发能了解并描述尺度行为的空间数据模型；先进的、高质量的对尺度影响的理解能力；具有描述数据尺度的新颖方法；尺度变换的智能化方法等（UCGIS，1998）。2002 年 ISPRS 数据综合与数据挖掘工作组和 ICA 地图综合委员会召开的学术会议列出了：多尺度/多重表示数据库；数据库/模型综合；基于多尺度表示，从图像和矢量数据集中提取目标；利用层次、多尺度结构进行图像解译和分类；图像与 GIS 数据的集成与匹配；三维可视化与综合；几何与语义数据的匹配/一致；多尺度数据库中传递更新与版本控制机制；基于空间位置的服务和小目标的地图显示；与国际互联网、互操作性和空间数据基础设施等有关的多尺度方面；矢量域提取目标的算法在图像域的应用；质量评估技术等 12 个研究主题（ISPRS，2002）。

从理论与技术方法研究的角度，对空间数据多尺度问题的研究主要集中在以下 4 个方面。

1. 多尺度空间数据的存取与表达

空间数据的多重表示是地理信息系统中一个重要的研究主题（Buttenfield，1993）。由于人类不同的文化背景和专长，认知客观世界的角度也不同，因而在GIS 数据库中存储现实世界实体的多种表示是十分自然的。实现空间数据的多重表示可以有多种途径或方案，目前具有代表性的方案有多库多版本、单库多版本（齐清文和张安定，1999）、单库单版本（Oosterom and Schenkelaar，1995）和 LOD（Lodestar，1997；王家耀，2001）等 4 种。

多库多版本方案是在数据库中存储来自同一个现实世界实体的多种表示，即建立对应于多种比例尺的多个数据库，如图 1-1A 所示。数据库通过采集不同比例尺的数据来建立，图形显示时通过控制当时屏幕比例尺的变化，轮换调入和释放相应尺度的数据实现。该方法是一种静态的空间数据组织方法，在一定程度上缓解了系统对不同详细程度数据的迫切需求与自动综合相对落后的矛盾，对早期GIS 的发展和应用起了很大的推动作用。其问题是各比例尺数据独立采集，造成人力、物力和财力的浪费；在图形显示时，一种比例尺转换到另一种比例尺时会出现明显的不协调和不连续的现象；由于各种比例尺的数据之间没有任何联系，数据更新困难，各比例尺的数据必须分别进行更新，系统数据的一致性很难保证。

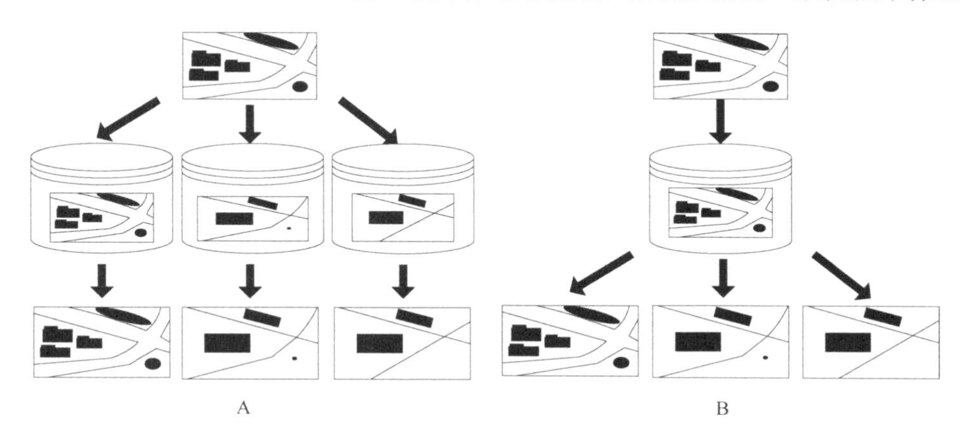

图 1-1 空间数据多重表达方案
A. 多库多版本方案；B. 单库多版本方案

单库多版本是所谓的主导数据库的方法，即维护一个单一的、有较高详细程度的主导数据版本，任何其他较概略的尺度数据都是从该版本的数据派生出来的，如图 1-1B 所示。当一个地理实体发生变化时，其变化能通过同一地理要素之间的连接关系传播到相关的其他实体，从而更新尺度的数据，实现多重表示。这是目前认为比较现实可行的方法，许多专家学者对这种方案的具体实施进行了研究。Oosterom（1995）利用反作用树（reactive-tree）技术，在开放式的面向对象数据库管理系统 Postgres 中建立了一个交互式的多尺度 GIS-GEO++。Timpf（1998）在其博士论文研究中基于图论也建立了这样的实验系统 DAG。一些商用 GIS 软件如 Smallworld GIS、Interlgraph DynaGen 等已开发了部分类似功能，但都未从空间数据处理模型上作整体考虑，目前仍需要进一步研究。该方法努力的方向是开发更强大、更智能化的支持多重表示的数据结构，包括面向对象的方法和语义数据模拟，以及基于面向对象的方法建立智能识别处理程序，并为每一要素添加丰富的语义数据（吴凡，2002）。因为空间实体不仅有图形表示，还有描述其性质的一般性说明信息，即语义部分。只有对空间目标的图形部分和语义部分都进行多尺度的处理和表示，才能真正完成从主导数据库导出不同尺度数据集的任务。此外还必须自动建立同一空间实体不同尺度之间的相关和互动机制，才能满足基于尺度的有效的综合分析和辅助决策需要。

单库单版本方案是在数据库中用一种称为反应数据结构的存储结构存放系统中最详细尺度的数据，其他比例尺的数据信息隐含在该存储结构中，需要某种比例尺的数据时直接从存储结构中实时提取，不必存储这些数据。这是一种比较理想的然而也是最难以实现的方法，是地图学家努力的方向（王家耀，2001）。该方案可以在较短的时间内提取并显示任意比例尺的空间数据，但只适合于地图综合中通过简化和选择两种方法得到的综合结果，对其他综合方法得出的结构就无法用这种数据结构来存取。

LOD（level of detail）技术是一种采用不同的细节程度来描述并存储对象的一组模型的方法，也称为细节分层技术（王家耀，2001）。该技术符合人的视觉规律，即在远近不同的位置上观察同一地区或同一地物，人眼所能观察到的该地区或地物的详细程度是不同的。所以，从技术角度上讲，我们可以根据人眼的视觉规律，为同一地区或同一地物构建一组不同详细程度的数据模型。在计算机中显示时，根据地区或地物离视点距离的大小，调入相应详细程度的数据模型来生成视景。LOD 方案实际上是方案 1 和方案 2 的结合，该方案常用于栅格数据组织和虚拟环境建模中。

2. 空间数据的多尺度处理模型

数据模型设计是信息系统设计的核心和首要问题，它表达了系统设计人员对客观世界的认知和抽象过程。经过诸多专家学者的多方面研究，数据模型的发展取得了很多成果。但由于长期以来 GIS 空间数据模型的设计没有对尺度及其尺度效应给予应有的重视，因而先天性不足，使现有 GIS 没有尺度维的处理和表达能力（Li，1999），故 GIS 未来发展和应用面临的一个主要问题是研究新的空间数据模型（Mennis et al.，2000）。由于不同尺度下的空间目标有不同的运动状态和关系，目标的维数也会发生变化，因此多尺度空间数据处理模型的建立异常复杂（Li，1999）。

对多尺度矢量数据模型的研究已有较长的历史，其中较有代表性的是Molenaar（1989）提出的Formal数据模型。该模型以点为基本存储单位，基本思路是点构成弧，弧构成线面实体，可称为点模型。Bruegger和Frank（1989）形式化地描述了一种独立于空间数据维数的方法，用于构造多类结构相关的空间实体表示。同一实体在不同的层次上表达不同的空间分辨率和详细程度，并用实体之间的层次关系互相连接各个层次（Bruegger and Frank，1989）。李霖（1997）分析研究了数据库描述空间目标的特点和方式，针对语义层次定义了集合元素的聚合算子，并以此聚合算子为基础，提出了多尺度空间目标聚合模型及幂集的查询模型。Medeiros等（1996）提出一个多层次视图地理参考模型，通过将数据存储在多版本数据库中来管理数据的多重表达。该模型允许每个用户在多版本数据库中定义其各自的视图，并在选择其感兴趣的要素类的同时保持它们与基础数据库之间的连接。Timpf（1998）在其博士论文中提出一个基于空间剖分的地图立方体模型（map cube model）。该模型将整个地图空间剖分为网络（networks）、容器（containers）、面域（areas）、要素基元（elements）4个层次，并用树结构来维护不同层次下数字地图的表达，同一层次下的要素集合形成了该层次（比例尺）下的地图。这种空间层次剖分方法一方面处于理论设计阶段；另一方面，立方体模型将地图空间完整剖分，进行分层抽象，不具有实用性。Leung等（1999）提出的面向对象的通用GIS概念模型，引入空间层次、实体层次、要素层次的层次概念来研究要素的多层次抽象问题，在实体层存储所有的实体（包括简单实体和复合实体）和实体间的空间关系，所有的实体按自上而下的方法排列成层次结构。该模型虽然考虑了要素的多尺度表达，但只是简单带过，没有考虑多尺度表达之间的尺度关系，而且其总体上仍处在概念模型的阶段，并没有真正实施。Borges等（2001）所设计的OMT-G（object-oriented model for geographic application）模型认为，面向地理实体应用的数据模型应该根据用户的认知及空间关系的需要对地理实体的几何形状作出明确的表达，能够表达一个特定地理对象的几种不同的抽象视图，但只在概念模型层次上区分了依比例尺绘制和不依比例尺绘制的两种抽象层次，而且没有考虑它们之间的联系，其他数据模型（如GISER、GMOD、MODULO-R）考虑了多视图对地理实体的影响，但并没有针对专门地理要素的多尺度特征进行抽象。王晏民在操作速度方面对Molenaar的Formal数据模型进行了改进，提出了以弧为基本存储单位的弧模型，其基本思路是弧构成实体，实体也作为临时存储单位。但其不足之处在于没有显示表达出同一要素不同尺度下的对应关系（王晏民，1996，2002）。张锦提出了一个适用、完整的超图对象模型HOOM，将空间现象及其表达分为5级或5层结构，包括：几何对象模型、地理对象模型、时态对象模型、地理表现对象模型和空间计算对象模型（张锦，1999，2004）。这5级模型的集成组合构成了超图对象模型HOOM。并用超图对象模型来组织特征数据，但其研究只是初步的。郭武斌（2009）针对车辆导航领域的多尺度空间数据模型设计了用于提高物流车辆导航路径分析速度与精度的多尺度空间数据模型，周捍东等（2014）设计了一种支持多尺度、多层次的空间数据模型，解决特大型城市复杂公交网络的数据组织问题，为多尺度数据模型的应用进行了有益的探索。至今，学术界尚未能找到合适的方法和技术来形式化定义和构建多尺度数据模型，也没有形成一套形式化操作算子规则来管理数据（Kilpelainen，2000a），提出的地理要素多比例尺数据模型也还停留在概念设计阶段。

3. 面向空间数据多尺度处理的自动综合

地理信息的自动综合是实现空间数据多尺度表示的核心技术。面向空间数据多尺度处理的自动综合的目标是实现智能化的空间数据多尺度处理。它主要包括 3 个方面的研究：自动综合的概念框架，综合操作算子和综合知识规则的形式化描述。

在自动综合概念框架研究方面，Brassel 和 Weibel（1988）曾提出了一个概念框架以识别手工综合过程的主要步骤，并将这些概念转换到数字领域。它将操作、知识、阈值均存储在程序库中，是一个集成专家系统技术的自动综合模型。McMaster 和 Shea（1992）扩展了 Brassel 和 Weibel 的模型。该模型将综合分解为 3 种操作：从哲学意义上考虑为什么（why）要综合；从地图学观点评估何时（when）该综合；选择适当的空间和属性变换为如何（how）综合提供技术。但这样一个完整而复杂的系统至今尚未实现。智能化综合的基础是基于知识的推理。为了减少每次派生新地图时的人工引导，Weibel（1991）曾提出了“智能增强”的方法。但基于知识的方法仍然缺乏形式化的制图知识和面临如何获取知识的问题（Weibel et al.，1995；郭庆胜，1998；Kilpelainen，2000b）。

综合操作算子是从制图综合过程中提取的基本综合操作元素，每一次综合操作由一个或一组综合操作算子来完成。对综合操作算子的研究，众多学者提出了不同的体系。主要有：Beard 和 Mackaness（1991）的九算子模型：选择、分类、符号的改变、符号的感受层面的提高、尺寸区别的加大、省略、组合、位移和夸大；Shea 和 McMaster（1992）的十二算子模型：简化、光滑、聚合、混合、合并、收缩、精选、典型化、夸大、增强、位移和分类；Schlegel 和 Weibel（1995）的七算子模型：选择、删除、化简、光滑、混合、夸大和位移。划分的种类如此繁多，可见地图自动综合到底需要哪些算子，究竟应如何分类仍在争议之中。

制图综合可以定义为当比例尺不断变小时，简化图面上地物表达复杂程度的过程。对地物表达的简化需要遵循一定的规则和知识，以便达到与人类自然认知获得知识的一致性表达。自动制图综合所需的知识类别包括：①关于所表达要素的知识；②关于几何、语义质量的知识；③关于数据集表达的知识；④关于产品目的（比例尺/分辨率）的知识；⑤关于综合算法的知识；⑥关于综合活动（操作、控制、顺序）的知识；⑦关于符号化的知识（Lagrange，1997）。制图规则的产生必须考虑目标之间的空间和属性关系，而这些关系之间的差别可能很大，从而使规则产生的过程非常复杂。为此，Kang 等（2000）研究并形式化了一套模型的综合规则，试图简化这个过程。智能制图综合的核心是基于知识对综合过程的理解和形式化。这些知识包括深层知识和浅层知识：浅层知识是关于客观事物的表象及其与结论之间关系的知识，深层知识则是有关事物本质及其因果关系的内涵、基本原理等类型的知识（徐洁磐等，2000）。McMaster 和 Buttenfield（1997）强调了形式化地图综合知识的重要性，并列举了浅层知识与深层知识的例子。目前，基于符号智能的产生式规则在应用上会有局限性，因为自动综合包含的一些主观成分不容易形式化为逻辑规则，导致一个应用或区域的综合规则可能不适用于另一个。因而面向应用的自动制图综合必须考虑上下文和应用背景关系。

4. 多尺度空间数据的一致性

多尺度空间数据库的一个关键问题是维护多重表示空间目标之间的一致性。所谓数据一致性，是指同一客体的不同数据之间在属性继承关系、图形拓扑关系等方面不存在任何逻辑上的矛盾。而“数据不一致”就是对数据一致性限制条件的侵犯，它导致用户数据查询结构的不稳定、不规则或与预料的结果相去甚远的现象(齐清文和张安定，1999)。不同尺度表达层上空间目标的一致性是很重要的，因为它允许在一个较概略层上的查询能够给出与在详细层上相同查询有非常相似的结果。最明显的例子是多尺度的土地利用查询，其在不同尺度上的土地利用面积的查询结果应该一致。因此评估不一致性的方法和维护策略是这一研究的重点内容（Egenhofer et al.，1994a；Oosterom，1997；Carvalho，1998）。这对于多重表示的数据库的更新也具有十分重要的意义。在对多尺度空间数据的一致性研究中，较具代表性的有：MAGE 系统中大比例尺地图应用三角网数据结果表达，在应用化简和夸张等综合操作时，通过维护三角剖分的拓扑来实现空间关系的拓扑一致性（Bundy et al.，1995）。Egenhofer 等提出一个评估多重表示拓扑一致性的框架（Egenhofer et al.，1994a；Carvalho，1998），该框架提出的理论依据是任意目标的拓扑，以及任意目标之间的拓扑关系随着不同尺度层次必须保持相同或持续降低其复杂性和细节。这个方法基于拓扑关系模型，通过描述空间目标的内部、外部和边界的相交内容是否改变，以及描述相交的构成是否改变来判断其一致性。郭庆胜等（2005a，2005b，2006a）基于基本空间拓扑关系组合描述的方法分析了线与线、线与面、面状目标之间的拓扑关系，并进行组合推理，得出其拓扑关系的组合推理表。该方法能细分空间对象间的拓扑关系。从空间抽象的角度来看，只有充分区分空间拓扑关系后，才能进一步描述空间拓扑关系的抽象问题，为多尺度数据库和多重表达的拓扑一致性（或等价性、相似性）评价提供理论基础。

1.1.2 传统和数字环境中的制图综合

地图是地理数据的传统描述形式，是具有共同参考坐标系统的点、线和面的二维平面形式的表示（边馥苓，1996）。不同比例尺和专题的地图能满足用户某一方面的应用需要，而制图综合是生成不同比例尺地图的关键技术。制图综合是在地图用途、比例尺和制图区域地理特点等条件下，通过对地图内容的选取、化简、概括和关系协调，建立能反映区域地理规律和特点的新的地图模型的一种制图方法（王家耀等，1993）。长期以来，地图学者对制图综合的相关问题进行了不懈的研究，在某些方面取得了成功，但众所周知并没有完全解决（Brassel and Weibel，1988；McMaster and Buttenfield，1997；Richardson and Mackaness，1999），而且不能指望近期内能够全部解决（Muller et al.，1995）。

1.1.2.1 传统和数字环境中的制图综合比较

传统的地图综合目的是要解决小比例尺地图的生产问题，通过制图综合将大比例尺地图上的图形合理地转变为小比例尺的地图图形，将地面上的真实情况经过抽象和概括后传达给地图使用者。制图综合由具备基本地图编绘知识而又经验丰富的作图员来完成，依据的是制图综合的规则和人的经验。综合的处理过程是一种主观的、交互式的、理解性的过程，综合判断的复杂性要求制图人员灵活地运用他们对地理现象和实体的自然理解来创造一种与已存在的地理知识的一致性表达。因此对传统制图综合的研究主要集中在图面要素布局规则和地图图形的抽象算法上，以创造易于理解和接受、图面简洁美观的地图（Weibel，1995），反映主要的、本质的方面，舍弃次要的、非本质的方面，以确保地图的易读性（毋河海，1991）。

进入21世纪以来，信息技术给地图学带来了前所未有的挑战和机遇。地图学的研究领域由原来的“地图学三角形”扩展为“地图学四面体”（高俊，2004）。同时，地图学领域和地图应用范围的扩展也使制图综合概念的内涵和外延发生了变化。综合解决方案不但需要满足不断增加的GIS应用的需要，综合执行的速度问题也成为决定一个系统能否被接受的重要因素之一。数字环境中的地图综合主要指利用计算机实现的自动综合。其目的除了满足地图的显示和信息传输需要外，更重要的是为了地图分析的目的（Muller et al.，1995）。由于人对自身完成的制图综合过程仍有许多不解之谜，以及当前技术条件的限制，计算机的自动综合还难以实现。数字环境中的制图综合不是以地图生产为唯一目的，更多时候是用于多比例尺地图的实时显示，即实时综合。这种综合是将经过综合的数据实时显示在屏幕上，而不需在数据库中保存，这就要求地图综合和显示过程时间响应的速度要快。因此，在数字环境下地图数据库的计算速度比高质量的地图输出效果更为重要（Lagrange，1997）。数字环境中的制图综合与传统制图综合还有一个主要的区别是：数字环境中，综合的结构能够直接影响地理信息的所有数据（几何、属性等），而不仅仅是地图上的图形，这就是常说的“模型综合”（Muller，1991；Weibel，1995）。模型综合的主要目的是从不同的应用角度来控制数据的选择和删减，以在数据分析功能中提高计算效率。模型综合并不是针对图形的描绘表达进行的，而主要是对一些概率性的甚至是确定性的内容进行处理。

1.1.2.2 制图综合研究历程和现状

地图制图综合的研究进程已经持续了几十年，随着信息技术的飞速发展及制图综合的广发应用，地图制图综合在概念、目标和研究内容上都发生了很大的变化。在20世纪六七十年代，研究主要致力于开发降低数据复杂性的算法研究，着重对单个目标进行处理，不太注重综合目标与周围其他地物间的相互影响（Weibel，1991）。在70年代出现的一些卓有成效的算法，主要是针对线目标的简化算法，至今仍在使用（Visvalingham et al.，1990；Beard，1991）。到了80年代，开始展开对制图综合已有算法的分析评价工作（McMaster and Shea，1988）。同时，关于自动综合的更全面的技术不断涌现。在80年代末，许多学者提出通过应用人工智能策略，尤其是通过专家系统来实现制图综合的自动化（Brassel and Weibel，1988；Mark，1989；Muller，1989；Buttenfield and McMaster，1991；Weibel，1991）。虽然这些努力取得了一定的进展，但至今很少有真正实现地图综合的专家系统。90年代以来，世界范围内的地图制图综合研究取得了较大的进展，许多交互式的地图综合系统开始被实验开发，一些致力于数字综合研究项目和专业会议的国际性或国家级的专业组织机构开始建立起来。同时，地理信息的自动综合开始强调面向地理要素，而不是仅仅解决几何形体的综合，即要考虑每一空间目标与其所处背景的空间和语义关系，与其周围目标的相互依赖关系。这就是所谓的全局综合或上下文综合问题，包括综合操作的形式化，综合过程的理解及其形式化等。然而由于该问题的极度复杂性和软硬件条件的限制仍没有取得多少有效的进展（Lagrange，1997；Richardson and Mackaness，1999）。

随着制图综合和多尺度空间数据处理在信息社会中的广泛应用，以及人们对其重要性意识的提高，许多相关的GIS公司也纷纷研发制图综合的产品，到目前为止应用比较多的有：Intergraph 公司的 MGE Map Generalizer（MGE/MG）和DynaGEN，MGE 产品是最早商品化的交互式地图综合系统，该产品提供了一些可视化的综合工具供用户进行交互式的地图综合操作（Lee，1993），但是它的自动化程度不高，需要用户设置的参数和操作过多；DynaGEN是该公司近年推出的专门为地图生产过程中的制图综合而设计的地图综合产品，它向用户提供一系列自动综合算子工具，而何时、何地，以及怎样进行综合由用户控制；基于 Simens 的 SICAD 软件的一些组件或软件包，如 SICAD5.1 中的 SiGen 组件，以及 SICAD/OPEN 等也提供了一些简单的综合功能，如数据简化、符号移位和缩放、线的光滑、目标删除及综合参数的设置等；还有德国 Zeiss 公司的 CHANGE 软件，能够进行道路和房屋的自动综合批处理操作（Meng，1997）。许多国内外大学和科研机构也对自动制图产品进行了研发，例如，法国国家地理信息研究所（IGN）研制了多个地图综合产品，其中包括一个用于网络实时综合的 ROUTE-120 系统；瑞士苏黎世大学（University of Zurich）对地形要素的综合提出了建设性方案并建立了相应的方法库；英国爱丁堡大学（University of Edinburgh）着重研究要素间关系处理和位移问题，把图形要素之间的拓扑关系看作比例尺、地理复杂度和制图任务的函数，强调人机协调操作；自 1997 年起，由 Laser-Scan 公司资助的，汉诺威大学、苏黎世大学、法国国家地理信息研究所和爱丁堡大学联合研究的 Agent 工程启动，在这个项目中有许多研究成果，其中有 Agent 在地图综合中的作用、MAS（多智能体系统）的研究等；中国人民解放军信息工程大学测绘学院研制了基于地图数据库的自动编图系统（武芳，2000），另外，还研制了基于 MicroStation 平台的地形图数字制图、编绘系统；原武汉测绘科技大学的“地图代数系统 V3.0”将地图上所有要素视为各种符号的集合，用代数工具解决最困难的、一般化的、确定的问题，而把一些模糊的、有争议的问题留给图形编辑系统解决，并能对 1∶10 000～1∶2000 地图进行自动综合。虽然市场上已经有很多关于地图自动综合的产品，但至今还未出现非常成熟的实现自动制图综合操作的软件。

1.1.3 本体的研究现状

本体论属于哲学的研究范畴，在西方哲学史上占据统治地位长达 2000 多年之久，并且直到今天仍是哲学家争论的热点。然而在科技高度发展的今日，本体论不再仅局限于哲学范围的讨论。在许多其他学科，本体论也得到了广泛的应用，如自然语言处理、生物科学、医学，尤其是信息科学领域，诸如人工智能、知识工程、地理信息科学等。在地理信息科学领域中，将本体论作为一个突出的主题来研究的时间还不长。但它反映了地理信息科学研究中心的一种转移，即由过去片面强调计算模型的形式化，转移到目前对空间目标域本身的关注（杜清运，2001）。地理本体的意义和重要性受到了国内外科研组织机构和专家学者的广泛关注，已有众多学者和学术团体投身于地理本体的研究中。在 1996 年召开的美国国家地理信息与分析中心（NCGIA）专家报告会中，首次提出了一个基于常识的地理本体框架；美国大学地理信息系统联合会（UCGIS）2000 年将地理信息科学的本体论基础作为其提出的 4 个新的研究领域之一。在其 2002 年的研究日程表中，地理本体排在十大长期研究挑战之首。从最近几年地理信息科学领域中国际会议的主题来看，地理本体也受到了前所未有的关注。2000 年在 Pittsburgh 召开了关于地理本体的美国地理家协会（AAG）年会分会；2002 年 9 月在法国召开了“空间数据标准的本体论与认识论”的欧洲会议；2000 年、2002 年及 2004 年，连续 3 次的地理信息科学（GIScience）会议均对地理信息本体论进行了深入探讨；2001 年及 2003 年的空间信息理论会议（COSIT）也有地理本体的专场讨论；从 1998 年开始的两年一届的信息系统中的形式化本体国际会议（FOIS）也都有地理本体的相关主题。

地理信息科学中的本体论主要研究空间信息的语义理论，即研究人类思维，信息系统与地理现实世界之间的关系（Mark et al.，2000）。地理信息科学中的本体研究主要包括 3 个层次上的内容。

（1）地理本体的概念问题

研究建立完善详尽的地理本体所涉及的概念问题。在本体概念的研究中，比较有代表性的是 Guarino（1994）及 Guarino 和 Giaretta（1995）对概念所做的深入细致的研究。他们从一般意义上对概念、概念的特性、概念之间的关系等开展了研究，提出了一套能指导概念分类的可行理论。基于这个理论，他们又提出了本体驱动的建模方法，从理论上为建模提供了一个通用模式（Guarino，2004）。在对本体的许多不同的定义中，最著名并被引用得最为广泛的定义是 Gruber（1993）提出的：“本体是一个领域里共享的概念化模型的形式化和明确的规范说明”。本体论被引入地理信息科学始于 Egenhofer 和 Mark（1995a）对于常识地理学的研究。在常识地理学研究中，地理本体被认为是一个极其重要的研究领域。在对地理本体的研究中，比较有代表性的工作有：Smith 和 Mark（1998）对地理信息的认知类型和地理目标的本体特征的研究；Bittner 和 Stell （2001）对地理尺度、不确定性及部分-整体论的本体关注；Frank（2003）对时空数据库基础本体的研究。国内学者对地理本体也比较关注。孙敏等（2004）给出了地理本体论的定义：地理本体论是研究地理信息科学领域内不同层次和不同应用方向上的地理空间信息概念的详细内涵和层次共享，并给出概念的语义标识。崔巍（2004）也给出了地理本体的定义：一个地理本体系统是空间信息科学中具体应用领域里共享的一个概念化和知识系统的形式化和显示的说明规范。

（2）地理本体的形式化和共享集成问题

研究地理本体形式化的方法和工具，实现所建立的不同本体间的共享和重用，研究不同本体之间的转换和集成方法，提供不同本体间的互操作手段。国外在本体形式化工具和描述语言方面的研究开展得较早，已经出现许多成熟的本体，本体表示语言和本体工具。其中，广泛使用的本体有 Wordnet、Framenet、GUM、SENSUS 和 Mikrokmos 等；本体的描述语言有 CLASSIC、OIL、LOOM、Ontolingua、GRAIL、OKBC 和 F-Logic 等；本体工具有 OntoEdit、Protégé、DWQ、Webonto 和 SHOE’s Knowledge Annotator 等（Wache et al.，2002）。Kavouras 和 Kokla（2000）

对不同的地理本体进行了融合，在本体建立、语义转换、基于本体的地理信息集成方面做了一些研究；武汉大学资源与环境科学学院的杜清运教授对地理本体的构建进行了深入研究，并将其应用于 OpenMap 系统以实现与 ArcView 等系统的信息共享（黄茂军等，2004）；武汉大学的崔巍（2004）对本体的地理信息系统语义集成和互操作进行了深入研究，提出并建立了基于本体的空间信息语义网格的较为完整的理论体系和实现技术。

（3）本体驱动的地理信息系统建立、集成与互操作问题

在所建立的地理本体的基础上，开发出本体驱动的地理信息系统，对基于本体的地理信息集成和互操作进行研究。由于本体概念化、明确化的特点，地理信息科学的专家学者将其应用到地理信息建模中，开发基于本体驱动的地理信息系统，同时本体的共享特性也为基于本体的地理信息系统的集成与互操作提供了新的方法。Fonseca 在基于本体的地理信息集成方面做了大量的研究工作（Fonseca and Egenhofer，1999；Fonseca et al.，2002）。他认为集成地理信息首先需要明确并形式化定义人们对于现实世界的概念模型。他还提出一个本体驱动的地理系统框架。Egenhofer 等开发的本体驱动的地理信息系统（ontology-driven geographic information system，ODGIS）将本体应用于空间地理信息系统的集成方面（Fonseca et al.，2002）。

1.2 立题依据和研究意义

1.2.1 问题的提出

GIS 是从应用中发展起来的一门科学，在经过技术的革命和理论的升华后，它具有了更强的生命力和可扩展性，能适应更多用户更广泛的需求。随着 GIS 技术的不断进步和应用的推广，地理信息服务已逐渐渗入人们的日常生活中，从数字地球的构建到电子地图公交线路的查询都可以看到 GIS 的功效。由于不同文化背景和行业，人们对同一事物会有不同的认识，描述和表达事物的方式也会有所不同，同一事物针对不同的应用目的也需要不同的表示，这就要求 GIS 具备对同一事物进行多尺度表达和处理的能力。在网络化、信息化不断渗入人们生活的过程中，空间数据多尺度表达和处理的内涵在不断扩大，实现的目标也越来越高。传统的 GIS 认知模式、数据模型和信息处理表达方式都受到了巨大的挑战。由于多尺度数据处理的复杂性、用户需求的多样性，现有方法存在很多的局限性，如应变能力差，专家知识难以用计算机语言准确、全面地表达出来等。因此有必要研究新的模型和方法，以顾及空间实体的尺度特征、尺度效应及其几何、语义、对象间相互关系的知识等。

当前对空间数据多尺度问题的研究存在以下局限性。

（1）目前的多尺度研究缺乏对地理空间认知过程尺度本质的认识，在此基础上建立的多尺度空间数据模型与现实地理世界认知模型存在一定差距

在对 GIS 的早期研究中，研究对象主要是空间数据的空间（图形）和属性特征，随着 GIS 应用需要专家学者开始关注时态问题，在空间数据中加入时间特征，增加了 GIS 在时态维的处理能力。因此，当尺度问题越来越受到 GIS 学术界关注时，普遍存在的观点是将尺度作为与空间、时间和属性三要素同等的要素来看待，认为它是空间数据的一个新的特性。而且传统 GIS 主要侧重表达空间数据的几何成分，其语义关系往往不被重视（Tang et al.，1996），因此在对空间数据尺度的认知上一度将其与比例尺等同。即将尺度问题作为空间数据的一种特征，仅停留在数据表现层面上，而没有认识到尺度是贯穿 GIS 全过程的最根本的特征。所建立的概念模型也未能发掘和表达描述因果关系原理的深层次的尺度知识，没有自动获取有关空间知识的能力，因而智能化程度不高，应变能力较差。尺度应该是所有地理信息科学研究中都必须考虑的重要问题，它是由于人类认知的尺度特性决定的。正是因为人类的认知过程具有很强的尺度特性，使得认知过程的产物——空间数据模型是尺度相关的，即任何一个空间数据模型都是在某一认知尺度下对现实地理世界的抽象，超过这一尺度范围该空间数据模型就不存在了，或者说必须采用新的数据模型来反映对现实地理世界的抽象。因此，从地理空间的认知过程出发，分析 GIS 多尺度问题产生的根源、包含的内容及表达的方式，从中提取多尺度地理空间的抽象过程，是建立多尺度空间数据模型的前提。

空间数据模型是现实地理世界在计算机中的抽象表示，用来反映现实世界的状况。尽管地理信息系统已迅速发展成为地理信息的存储、查询和显示的工具，但地理信息的广泛使用还受到其内在的空间数据模型与人的认知模型之间反差强烈的阻碍。例如，现有的 3DGIS 研究都集中在三维可视化技术方面，对于更为基础的空间认知问题的研究显得很不够（朱庆等，2003）。对于尺度问题的研究也存在着同样的问题，在空间数据模型建立时虽然加入了尺度维的描述，但却将其作为与空间、时间和属性并列的数据特征来同样处理，没有从基础的空间认知的尺度特性中分析尺度问题的由来，因此，建立的多尺度空间数据模型与人们认识现实地理世界的常规有一定的差异。而且，由于人类认知现实世界的局限性及地理学研究的专业性，大多数数据模型是在对现有地图进行认知的基础上建立起来的，表达的是少数的不同的地理研究者对地理世界的不同理解和观点，即表达的是人类对地图的认知，而不是对真实地理世界的认知，这使地理数据与人类常识性知识及地理世界的现实情况存在一定的差异，难以被普通使用者理解和接受。因此从人类认知地理世界的理论和方法出发，将常识性的地理认知的理论和方法融入空间数据模型和组织，是指导其概念建模，并克服研究者观点、看法不同所引起差异的有效方法。

（2）在网络信息时代，应重视并加强对多尺度空间数据集成、共享和互操作方面的研究

多重表达空间数据库的研究是空间数据多尺度问题的一个重要方面，随着人们对尺度问题的逐渐认识，GIS 传统的单一比例尺数据库模式逐渐向多比例尺数据模式转变。在多尺度空间数据库的内涵、设计方案和实现策略的研究上一直存在很大的分歧，研究的焦点也集中在多尺度空间数据在数据库中的存储和组织上，以实现最大限度地保持多尺度表示数据库完整性的目标。多尺度数据库完整性主要指保持多种尺度数据间的一致性，以及数据更新和查询时的一致性。NCGIA Maine 大学也将多尺度空间数据库作为 GIS 集成的问题进行了研究（Egenhofer，1998）。Egenhofer 等在美国多个国家基金支持下进行了“异构地理数据库”项目的研究。但其主要还是针对多尺度空间数据的组织方面，对于数据的共享和互操作方面未做深入研究。随着网络技术的飞速发展，网络地理信息发布、计算和服务成为 GIS 发展趋势，要求能够实现不同领域不同系统间地理信息的共享与互操作（崔巍，2003）。空间数据的集成与共享是扩展地理信息应用的有效途径，特别是在网络和全球资源共享的环境下，异源异构多尺度空间数据的组织、集成与信息共享的研究具有重要的现实意义。研究人类怎样认识和表达现实地理空间，并在此基础上建立空间数据模型是实现地理信息共享的基础。利用本体的地理空间信息的语义表达来实现异源异构地理空间数据的共享与互操作，是当前理论技术条件下的有效方法。语义尺度是多尺度空间数据概念模型设计的重要内容之一，将本体引入多尺度空间数据概念模型的设计中，分析空间数据多尺度特性的本体知识，建立能够对多尺度空间知识进行统一表达的本体模型，能有效解决网络环境下对多尺度空间数据共享和互操作的需求，同时能有效保证数据间的一致性，为多尺度空间数据的协同更新和传播奠定基础。

（3）在网络、数字环境下，由于地理信息服务需求的多样化，现有的空间数据多尺度表达需向自适应按需表达的方向发展

空间数据的多尺度表达与地图制图综合有着密切的联系。目前对多尺度 GIS 空间目标综合的研究存在两种观点：一种是从制图综合理论入手，通过对地图综合本质的分析研究，提取地理实体的形态特征并模型化，在此基础上进行综合操作（毋河海等，1995；王桥和毋河海，1998）；另一种为，在现有 GIS 空间数据模型和系统的基础上，运用数据结构理论和地图制图综合理论，通过对空间目标进行相应的操作，建立空间目标的综合模型和算法（Oosterom and Schenkelaars，1995）。虽然两种观点的出发点不同，但都以制图综合作为空间数据多尺度表达中不同尺度数据集转换的方法。由此可见，制图综合理论在空间数据的多尺度表达研究中具有重要的地位。传统制图综合以“图”为中心，侧重空间数据几何形体的综合操作，以图面整洁、布局合理和内容清晰易读为综合目标，忽略了地理要素之间的语义信息，导致综合结果与人们认知现实地理世界的常规有一定出入，

实用性和灵活性较差。在网络化信息时代，随着数字制图综合理论的发展，上下文综合或按需综合开始受到重视。作为当前技术条件下对制图综合的有效补充，空间数据的多尺度表达也要向按需表达的方向发展，不仅要能根据用户的需求选择合适的尺度，还要能根据应用的目的和可视化效果采用不同的数据内容和数据表现形式来显示。数据的显示应该是可调整和灵活的，而不是建立和呈现数据的一个静态视图（Lindoholm and Sarjakoski，1992，2010）。这一需要也是符合地理信息科学发展趋势的。在数字技术、网络传输、多媒体可视化等技术条件下，人们不再满足于静态、单一尺度的空间表达，提出了从多角度、多视点、多层次对空间认知表达的要求，这也是信息时代日益兴起的“以人为本”“个性化”“自适应”需求的体现。因此，不仅要求空间数据为用户提供多尺度的表达，还要按不同终端用户的个性化要求自适应地对数据内容进行选择显示。

（4）对多尺度表达之间一致性的研究缺乏整体性和系统性，没有形成一个统一的评价体系

多尺度数据库存在的主要问题是多种尺度数据之间的一致性，以及在进行跨比例尺综合分析时产生的数据矛盾，在数据更新时，保持多尺度数据之间的一致性也是目前的主要难题。多尺度空间数据的一致性是指保持相应尺度的空间精度和空间特征，保证目标间的空间关系不发生变化，并维护空间目标语义的一致性。目前对多尺度空间数据的研究多集中在拓扑一致上，Egenhofer 等在这一研究方向上作出了较大贡献（Egenhofer and Franzosa，1994b；João Argemiro de Carcalho Paiva，1998），并提出一个一致性评估框架，后续的研究都是在此基础上的改进，没有很大的突破。在信息化、数字化的今天，以建立数字地球为目标的地理信息研究需要实现数据的共享和互操作，而这些数据很可能是分布在不同区域的不同数据源的数据集合，如何保持这些异源异地数据之间的一致性是当前面临的主要难题。因此，对多尺度空间数据的一致性研究不能局限于传统的对同一数据源或数据库中多种尺度数据之间的一致性，而且研究内容也不仅包括空间关系方面，还包括语义、专题等其他方面。

目前对多尺度空间数据之间的拓扑一致性的研究已经比较成熟，在拓扑关系的表达方式、拓扑一致性的定义、评价方法和维护策略等方面都有很多学者进行研究，提出了多种解决方案，但很少有对多尺度空间数据整体的一致性进行综合研究的。多尺度空间数据的一致性评价能判断不同尺度表达之间的一致性，从而为多尺度空间数据库一致性维护提供参考。目前对这方面的研究，比较突出的成果只有 Egenhofer 等提出的一个评估多重表示拓扑一致性的框架（Egenhofer and Franzosa，1994b；João Argemiro de Carcalho Paiva，1998），但其只对拓扑一致性进行了评价。在当前以全球资源与信息共享为特征的新环境下，多尺度空间数据一致性的内涵、研究内容等都需要重新定义，对其一致性的评价也需要建立新的评价体系。

1.2.2 研究的意义

空间信息是人类认识世界和改造世界的基础，地理信息系统的建立使人类获取、分析和处理空间信息的效率大大提高。随着数字化、网络化和智能化等各种信息技术进入我们的生产和生活领域，以3S为代表的地理信息技术得到了日益广泛的应用，使人类获取地理信息的能力以惊人的速度增长，并且在社会经济发展中起到了重要作用。然而，一方面是地理信息技术应用的日益扩大需要大量丰富和多元化的信息，在以数字化信息为资源、互联网交互为动脉的新世纪里，数字地球、数字中国、数字省市，直至数字国土、数字矿山等一系列数字工程的发展，产生了海量和多元化的地理空间数据（毕思文和许强，2002）；另一方面是已经获取的海量空间数据没有得到充分利用和挖掘。以遥感数据为例，现在能被利用的数据仅占已获取数据总量的20%左右（承继成等，1999）。空间信息自身研究的缺乏、地理空间信息集成和共享困难是限制当前GIS发展的主要因素（陈军，2002）。目前GIS发展的主要障碍不是信息获取问题，而是信息挖掘和分析利用的问题。对信息的认知是进行信息挖掘和分析利用的基础，地球空间信息的认知是构成21世纪地球信息科学理论体系的重要内容（李德仁，2003）。因此，从认知的角度出发，分析空间信息的尺度特性有助于建立具备尺度特性的空间数据模型具有重要的现实意义。

多尺度空间数据处理方法是空间数据挖掘和空间数据仓库的核心技术（Han and Kambr，2000），也是超大型GIS的根本解决方案（张家庆，1994）。随着GIS应用领域的不断扩大，以及网络技术的飞速发展，GIS需要提供空间数据的多尺度表达和处理方法以适应不同的应用需求。由于网络上存在着不同背景、兴趣、行为、风格的用户群体。如何自动获得领域里与用户兴趣相关的空间信息资源，并智能化地将用户感兴趣的、对用户有用的经过提炼的空间信息完整的返回给用户，从而适应用户兴趣动态变化的能力，提供个性化的地理空间信息查询服务也是目前GIS领域里所面临的难题。在网络环境下，不同尺度不同来源的空间数据必须能保持一致性并能共享和互操作，才能真正为地理信息用户提供服务。因此，多尺度空间数据的一致性对多尺度空间数据的质量和应用至关重要，针对不同应用目标和用户需求选择合适的多尺度空间数据一致性评价模型，能使评价结果更贴近用户期望，反映多尺度空间数据中存在的不一致，同时为多尺度空间数据更新提供依据。

本体具有概念化、明确化、形式化和共享的特点，并且具有良好的概念层次结构和对逻辑推理的支持，因而将其应用于多尺度空间数据模型并对多尺度空间数据的一致性进行研究，对解决多尺度空间信息建模及空间信息集成和互操作中的语义异构（Fonseca et al.，2002；Hakimpour and Timpf，2001）等问题有着重要的意义。

1.3 研究内容与方法

笔者采用理论研究和实例验证相结合的研究方法，对现状研究、文献研究、理论模型建立、数据收集、数据分析、模型检验与证实、结果分析等进行研究。研究过程和方法可用图 1-2 表示。

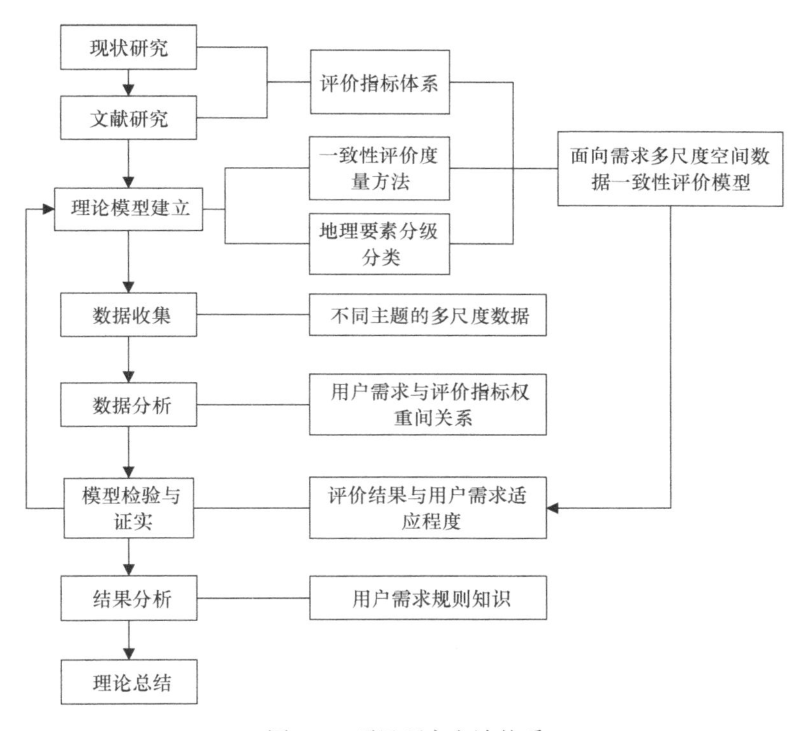

图 1-2 项目研究方法体系

研究的技术路线是基于本体采用自顶向下逐步分解的方法，研究评价多尺度空间数据一致性的指标体系及度量方法，并建立面向用户需求的一致性评价模型，如图 1-3 所示。研究大致可以分为构建多尺度空间数据一致性评价指标体系、研究不同尺度数据间一致性度量方法，以及探索用户需求与评价指标权重设置之间的关联和规则 3 个部分；同时按照由易到难、逐步推进的思路，通过实例验证不断进行评价指标之间、度量方法之间、用户需求与指标权重之间的分析、对比和改进，逐步将研究推向深入。针对具体问题的研究方案如下。

1. 多尺度本质认知

分析总结目前对尺度问题内涵的研究，从中抽取与地理信息科学相关的尺度

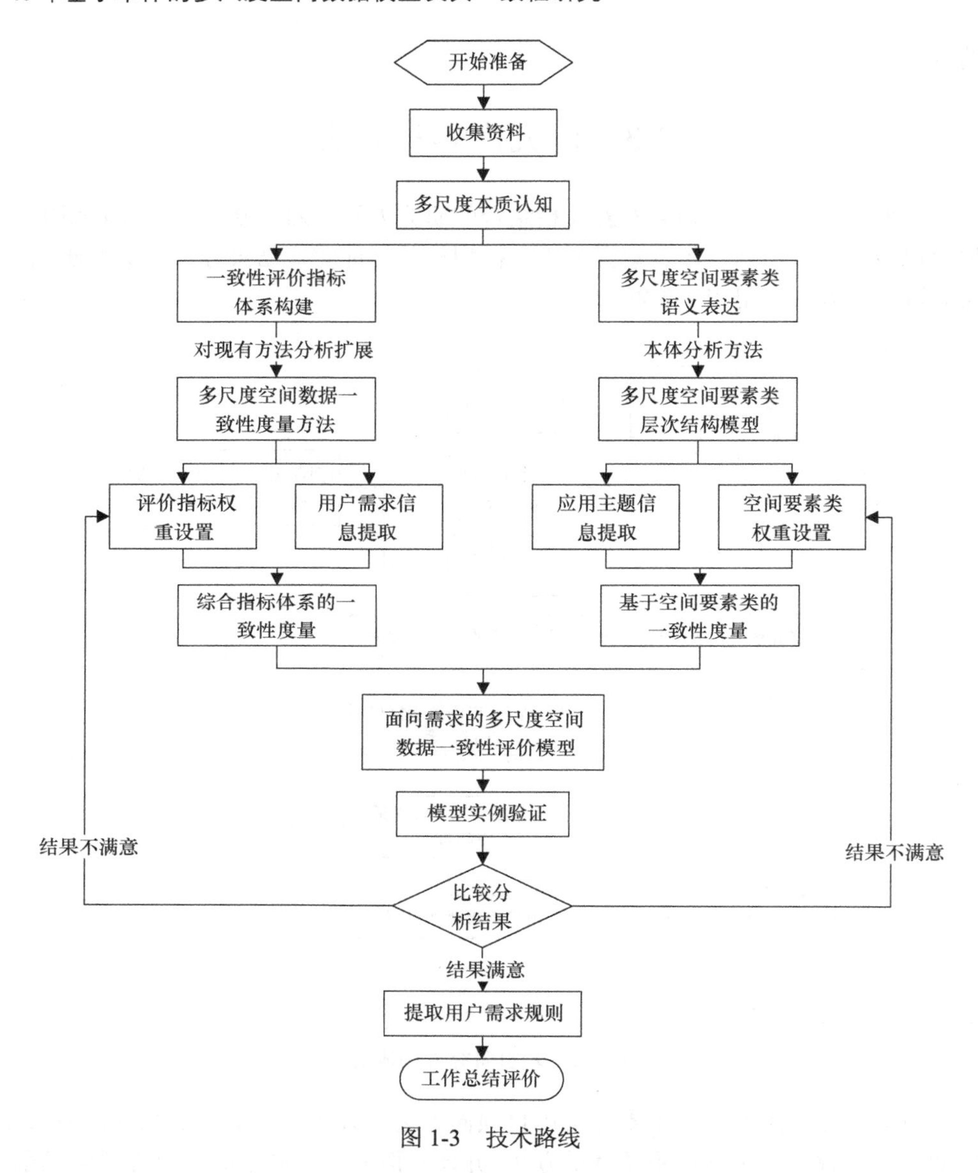

图 1-3 技术路线

概念，在当前的理论和技术水平下为它们赋予新的内涵，建立广义多尺度概念框架。长期以来 GIS 空间数据模型没有对尺度及其尺度效应予以重视，缺乏尺度维的处理能力，为了让建立空间数据模型具有尺度特征，必须分析地理空间的多尺度抽象过程。笔者通过类比的方式对目前的地理空间抽象模型进行分析，从中选取适合本研究的模型，对该模型进行扩展，建立适合多尺度地理空间认知和抽象的框架。

2. 构建多尺度空间数据一致性评价指标体系

对多尺度空间数据一致性评价的相关研究进行分析和内容抽取，如制图综合结果评价影响因素，网络数据共享和互操作中的语义相似性评价相关因素等，对这些因素进行分析和归类，主要根据地理空间数据特征选取相关的影响因素，从空间、时间、属性 3 个层次上挑选有代表性的一致性评价指标。对于挑选出来的评价指标，还要运行专家知识分析指标间的关联，建立评价指标的概念层次模型。

3. 研究不同评价指标的一致性度量方法

为了定量表示多尺度空间数据在每一评价指标上的一致性程度，需要对评价指标的相关一致性度量方法进行研究。本书拟在统一的框架下对不同尺度空间数据间一致性进行度量。这需要在不同评价指标上的一致性度量公式具有相同或相似的形式。本书对已存在度量公式的评价指标采用分析比较的方法从中选取适合本研究的度量公式；对于不存在可用度量公式的评价指标采用比较借鉴的方法对相关评价指标上的度量公式进行扩展，通过为评价指标赋予不同的权重来综合评价多尺度空间数据间的一致性。评价结果是 0～1 数值，它反映不同尺度空间数据间的一致性程度。

4. 地理空间要素的分级分类

结合多尺度一致性评价指标体系和一致性度量方法，对多尺度空间数据一致性进行综合评价。为了评价结果具备更好的适用性，还要在评价指标基础上，将评价结果与用户对多尺度空间数据的一致性要求进行对比和分析。本书通过采用本体方法分析用户需求与地理要素之间的关联，对待评价的地理要素进行分类，根据不同应用主题来确定要素的分类方法，并按要素类与应用主题的关联程度来确定其在一致性评价中的权重。

5. 实证研究

在建立了面向需求多尺度空间数据一致性评价模型之后，需要对模型的适用性进行验证和分析。对于不同应用主题和用户需求的多尺度数据，充分运用专家知识和人工神经网络等工智能方法，不断调整评价指标和地理要素类的权重，改进一致性评价模型，使评价结果更好地反映多尺度数据对用户需求的适宜程度。

第 2 章　多尺度地理空间认知

地理空间认知过程是人们认识现实世界，并将其抽象成便于人们理解，又适合计算机解译和处理的空间数据模型的过程。长期以来，GIS 空间数据模型的设计没有对尺度及其尺度效应给予应有的重视，从而先天性不足，使现有 GIS 没有尺度维的表达和处理能力（Li，1999）。因此，从认知科学出发，分析地理空间的特征及其认知过程中的尺度特性，以构造多尺度空间数据概念模型。这既是空间数据逻辑模型设计的基础，也是实现空间数据多尺度表达和处理的前提和关键。

2.1　认知相关理论

2.1.1　认知科学的发展及影响

认知科学（Thagard，1999）是“对心智（mind）和智能（intelligence）的跨学科研究，涉及哲学、心理学、人工智能、神经科学、语言学和人类学”。一般认为认知科学起源于 20 世纪 50 年代中期，当时不同领域的研究者开始借助复杂的表征和计算程序来发展关于心智和智能的理论。到 70 年代中期，Das 和 Sternberg 等开始将认知革命扩展到智力研究领域，认知科学的研究逐渐深入和广泛。1977 年，美国成立了认知科学学会，并开始正式出版《认知科学》期刊。1979 年，认知科学学会召开第一次正式年会，从而第一次正式向全世界学术界宣告认知科学的诞生。至今，认知科学的研究已经在许多大学和研究机构广泛开展（Thagard，1999）。

自认知科学诞生以来，其对心理学、人工智能等学科的研究带来了巨大的影响（王甦和汪安圣，1992）。认知科学的兴起和发展标志着对以人为中心的认识和智能活动的研究已经进入到新的阶段。认知科学的研究将是人类自我了解和自我控制，把人的知识和智能提高到前所未有的高度。它的研究将为智能革命、知识革命和信息革命建立理论基础，为智能计算机系统的研究提供新概念、新思想、新途径。

2.1.2　认知科学的研究内容

美国认知科学的创始人之一、诺贝尔奖获得者 H. A. Simon 认为，认知科学是探索智能系统和智能性质的科学。他所谓的智能系统不仅限于人，还包括表现出智能行为的机器。美国著名心理学家 D. A. Norman 认为，认知科学是心理的、智能的科学，并且是关于知识及其应用的科学。认知科学运用信息加工观点来研究认知活动，其研究范围非常广泛，从神经生理基础到计算机科学，从哲学到社会科学都有认知的问题，主要包括知觉、注意、表征、学习、记忆和言语等心理或认知过程，研究的内容大致包括：复杂行为的神经生理基础、遗传因素；符号系统；知觉；语言；学习；记忆；思维；问题求解；创造；目的、情绪、动机对认知的影响；社会文化背景对认知的影响（司马贺，1986）。在认知科学的许多相关学科中，心理学占有极其重要的地位，从行为主义到格式塔心理学，再到认知心理学，不断丰富着认知科学的内容。认知心理学为认知科学的产生奠定了基础，认知科学把认知心理学研究大脑的信息加工扩展到了机器的信息加工即计算机智能的领域，因此它是在心理学、计算机科学（人工智能）、神经科学、科学语言学、科学的哲学及其他基础科学共同感兴趣的交界面上，即理解人类的乃至机器智能的共同兴趣上，涌现出来的高度跨学科的新兴科学。

空间认知是认知科学的重要组成部分，也是心理学、地图学、地理学、计算机科学和人工智能等学科都在研究的一个重要问题。认知科学为地理信息科学提供有助于建立空间信息和空间认知基础理论的研究方法和哲学态度。反过来，地理信息科学也可以为认知科学提供新的或许是更复杂的表示空间实体和关系的形式化方法（Mark，1997）

2.1.3　认知过程

认知是认知心理学的一个方面（赵军喜和陈毓芬，1998），从广义上说，认知与认识是同一个概念，是人脑反映客观事物的特性与联系，并揭露事物对人的意义与作用的心理活动。从狭义上来理解，认知有以下几种解释（安德森，1989；王甦和汪安圣，1992；陈毓芬，2000）：①认知是信息处理过程；②认知是思维及问题求解；③认知是心理符号处理；④认知是由知觉、记忆、推理等组成的一个复杂系统；⑤认知是研究知识的获取、储存、提取及运用。一个人认识和了解他生活的世界所经历的各个过程的总称，包括感受、发现、识别、想象、判断、记忆、学习等，都包含在认知的过程中。可以说，认知涵盖了心理过程的全部范围，包括知识的表征与结构、知觉信号的检测、模式识别、注意、记忆的结构和模型、学习和记忆的策略、思维与解决问题、概念与规划、语言与认知发展、认知的自我监控等。认知就是“信息获取、存储转换、分析和利用的过程”，简言之，就是“信息的处理过程”。

2.1.3.1　认知系统的信息加工

认知是信息的处理过程，认知系统的主要任务和功能就是完成从信息获取到信息的存储转换，再到信息分析输出的过程，如图 2-1 所示。其中信息存储根据记忆时间的长短可以分为 3 种类型：感觉记忆、工作记忆和长时记忆。

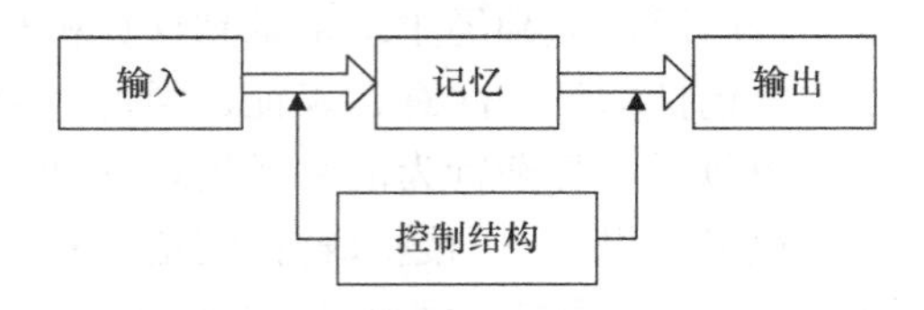

图 2-1　认知系统的信息加工过程

1. 感觉记忆

感觉记忆是感知系统凭视、听、味、嗅等感觉器官，感应到刺激时所引起的短暂记忆。感觉记忆的信息容量很大，但只留存在感官层面，如不进行加工，很容易消失。感觉记忆保持信息的时间虽十分短暂，但它在刺激直接作用以外，为进一步的加工提供额外的、更多的时间和可能，对知觉活动本身和其他高级认知活动都有重要意义。

2. 工作记忆

工作记忆是为当前信息加工的需要而短时存储信息，也称为短时记忆。工作记忆的时间间隔比感觉记忆稍长，但工作记忆信息容量能力是相当有限的。容量有限是工作记忆的一个突出特点。工作记忆是思维结果保存的地方，也是感知系统产生表象的地方。在结构上，工作记忆是由长时记忆中激活部分的一些元素（符号群）构成的，这些符号群称为组块，工作记忆以组块为单位进行信息处理。工作记忆本身的信息容量并不大，当认知系统回忆数秒前感知的信息时，不仅要用到工作记忆，事实上也用到了长时记忆，所以工作记忆的有限容量会因为利用了长时记忆而加大。工作记忆有一个衰退过程，当记忆中的某些组块被激活后，会很快扩散到相关的其他组块。随着扩散范围的扩大，一方面，组块被激活的程度递减，另一方面，原先激活的组块除非再次被激活，否则就会在工作记忆中逐渐淡薄。有实验表明，工作记忆的信息约经 7s 会丢失 50%。

3. 长时记忆

长时记忆是指保持时间在一分钟以上的信息存储。它是一个真正的信息库，有巨大的容量，可长期保存信息。长时记忆为以后信息加工的需要而存储信息，其信息的主要编码方式是语义编码。长时记忆的内容不会衰退，但这并不意味着人总是能记住和利用长时记忆中的信息。长时记忆中信息存入耗时多、读取耗时少，感觉记忆中的信息，要借助工作记忆才能进入长时记忆，而工作记忆中的信息要有效进入长时记忆，需要先从长时记忆中读取一些相关内容，使之与新信息发生联系，这种联系越多，记忆效果越好。

图 2-2 是目前认知心理学中最流行的记忆信息三级加工模型（Atkinson and Shiffrin，1968）。它包含了从感觉记忆到长时记忆完整的信息加工过程。

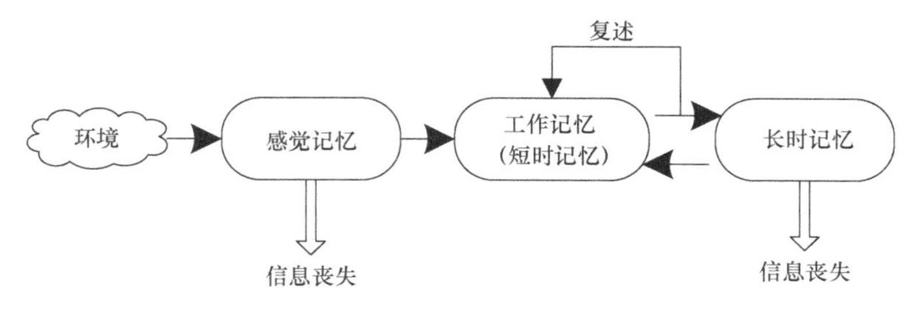

图 2-2　记忆信息加工模型

2.1.3.2　认知的一般流程

认知作为一个信息获取、存储转换和处理输入的复杂过程，可以用图 2-3 的模型（Hasebrook，1995）来表达。认知系统通过不同的感觉器官对周围环境中的信息进行获取和选择，这些信息主要包括声音、语言等听觉信息和图形、图画等视觉信息。经过选择后的信息被存储到短时记忆（工作记忆）中，短时记忆由控制机制、声音语言存储器和视觉空间信息存储器构成。短时记忆的特点是容量有限，而且如果信息没有被增加和重复，会在几秒钟之后被控制机制清除。经过

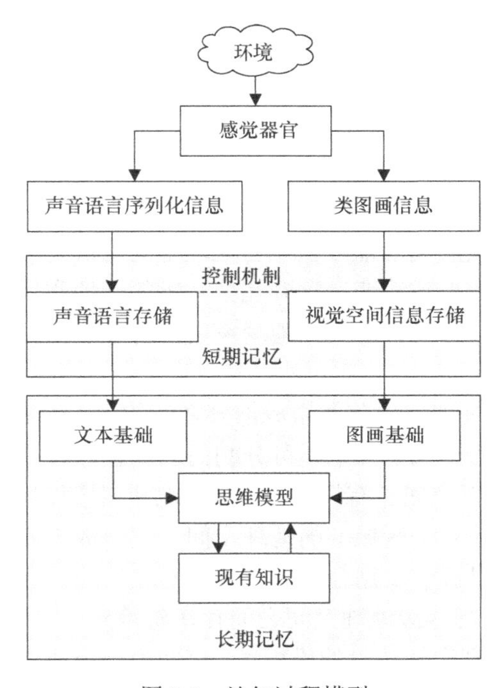

图 2-3　认知过程模型

重复和加工的信息则被存储到长时记忆中，声音语言信息创建一个文本基础，视觉空间信息创建一个图画基础，两种信息的处理过程形成一个双编码系统。经过两种编码的信息被集成为思维模型，也称心象模型。思维模型能够处理长时记忆中的信息与现有知识之间的关系，现有知识与长时记忆中信息的联系点越多，思维模型则越容易被集成到长时记忆中，现有知识可以促进思维模型的形成，而长时记忆中的信息通过思维模型来促进。这个过程在地理空间认知中被相应地分为感知过程、表象过程、记忆过程和思维过程。

2.2 地理空间认知

2.2.1 地理空间

“空间”（space）的概念在不同学科有着不同的解释（王家耀，2001）。从物理角度看，空间就是指宇宙在三个相互垂直的方向上所具有的广延性；从天文学的角度看，空间就是指时空连续体系的一部分；而地理学中的地理空间是指物质、能量、信息的存在形式在形态、结构过程、功能关系上的发布方式和格局及其在时间上的延续。即使在同一学科，空间的概念也因为研究对象和目标的不同而有不同的表现形式。实际上，空间的概念是“多维”的，不同的概念可以适用于不同的理论目的。因此，根据文化背景、感知能力和科学目的，概念具有不同含义这一意义上，将空间概念看作多维的概念是现实的。

2.2.1.1 地理空间特征

从地理空间的定义看出，对地理空间的研究涉及的内容多，范围广，具有复杂性。例如，地理空间在空间和时间上可能具有很大的跨度，从空间上，大到整个地球表层，小到一块居民地都可以作为地理空间的研究范围；从时间上，长到几万年甚至几十万年的地球演变，短到几分几秒的土地利用变化都是地理空间的研究范畴。周成虎等（1999）总结出地理空间的特征包括整体性、层次性、差异性和可变性。

1）整体性是指地理空间内部各组成部分之间的内在联系，这些内在联系之间相互渗透、融合，从而形成了一个不可分割的统一整体。

2）层次性是指地理空间是有等级差别的，地球表层任何区域上的某一地理空间都可与同等级的其他若干区域上的地理空间一起组成更高一级的地理空间，而每个地理空间又都可以进一步划分出低一级的地理空间。

3）差异性是指在同等级地理空间之间存在着差异。

4）可变性是指地理空间边界的模糊性、空间内部组成成分随划分方案的变化及各组成成分相关指标数值随时间的变化。

其中，地理空间的层次性正是地理空间多尺度结构的表现，不同的研究目的和观察角度对应着不同尺度的地理空间。地理空间具有很强的尺度依赖性：①在不同的尺度上，地理空间的细节表现层次可能不同；②地理空间在一个尺度上表现出来的趋势和规律在另一个尺度上可能观察不到；③地理空间变量之间的因果关系可能因为不恰当的尺度导致偏差甚至错误。尺度特性是地理空间的内在特征，几乎所有的地理研究都将尺度作为重要的因素考虑。在本章第3节会详细讨论尺度问题。

为了研究地理空间系统，人们提出了各种不同类型的地理系统概念模型，如W. Weaver类型（Weaver，1958）、S. Beer类型（Beer，1967）、R. J. Clayton类型（Clayton，et al.，1972）。其中，S. Beer所提出的地理空间系统等级概念模型“空间分辨率圆锥”尤其适合于层次地理系统的研究，它直观形象地描述了地理空间系统在空间分辨率上的等级性。该模型要求研究者在研究区域地理系统时，注意所要研究的空间对象在系统等级序列中所处的地位。因为，空间对象的这种地位决定了在系统地研究空间对象时所可能涉及的空间范围及应该采用的空间比例尺，同时，它还相应地确定了该空间对象所表现的地理现象的性质，以及对于研究结果的评判精度。但是，S. Beer概念模型只在空间上对地理空间系统的等级进行了划分，没有考虑地理事件发生变化的频度，即地理空间的时间尺度。因此，鲁学军在该模型的基础上，将不同地理事件发生的频度也考虑其中，添加了“事件变化频度轴”。由空间分辨率圆锥和事件变化频度轴共同组成地理时空等级组织体系，如图2-4所示（鲁学军等，2000）。S. Beer的等级概念模型和鲁学军的地理时空等级组织体系都反映了地理空间尺度特征，也对空间数据提出了多尺度表达和处理的要求。

2.2.1.2 地理信息空间

地理空间涵盖上至大气电离层、下至地幔莫霍面的范围，是地球上大气圈、水圈、生物圈、岩石圈和土壤圈交互作用的区域。在这个区域内存在着各种地理事物或现象，它们可以是一个真实的地理组合实体，如建筑物、道路、山峰等；也可以是非物质的，如土地类型、资源分布、行政区划、人口分布、道路网等，它们统称为地理空间实体。地理空间实体的典型特征是与一定的地理空间位置有关，都具有一定的几何形态，它们不仅反映事物和现象的地理本质内涵，而且反映它们在地理空间中的位置、分布状况及它们之间的相互关系。地理空间实体是地理空间的主要研究对象。

随着信息时代的来临，地理学研究者的研究目标从现实世界的地理空间实体转化为地理信息。信息是一切表达事物的存在方式和运动状态的知识，它总是存在于某个信息系统中。地理信息是表达地理空间实体的地理位置，属性和实体间相互关系的信息，这些信息的集合构成了地理信息空间。从地理信息空间信息的

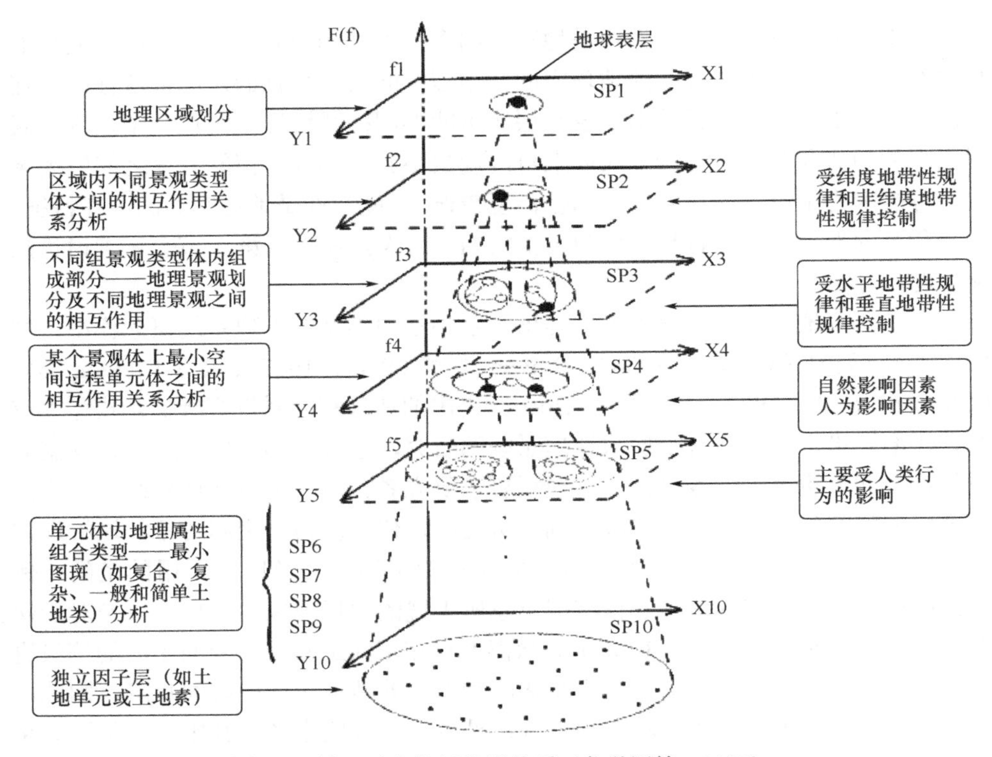

图 2-4 地理时空等级组织体系（鲁学军等，2000）

定义可知，它是信息世界的地理空间，是地理学中地理空间的抽象表达。一般来说，地理空间是地理学的研究对象，地理信息空间则是地理信息科学的研究对象。地理信息科学加工和处理的对象是地理信息而不是地理实体本身，其应用目的是揭示地理实体的演化规律，这与地理学的研究目的是相同的。

2.2.1.3 地理空间数据、信息和知识

地理空间数据是地理信息的数字载体，是客观地理世界的抽象表达。它通过描述地理空间实体及其实体间的关系来表达和模拟客观地理世界，便于计算机存储和处理。地理信息空间是基于地理实体对空间的一种划分，地理空间实体的基本特征就构成了地理信息空间的子空间，而空间数据就是在这些子空间上的“投影”（吴凡，2002）。受人类认知水平和测量仪器精度的限制，以及测量误差等主客观因素的影响，地理空间数据只是对地理空间的综合或抽象，是对客观世界的一种近似。因此，地理信息系统从本质上来说是对客观地理世界的近似模拟，其目标应该是尽一切可能真实准确地反映客观地理世界，便于人们从中获取所需要的信息和规律，同时做到数据量小。在将现实地理空间转化为用地理空间数据表达的地理信息空间的过程中，地理空间的认知、抽象和概念化起着关键作用。通

过这个过程可以准确理解地理空间，为地理空间建立合适的数据模型，并研究相应的数据组织、处理和表示方法。由此可见，地理空间数据虽然是对客观地理世界的一种近似，但所表达的信息并未因此而减少。由于在抽象或综合过程中，可能加入了人类对客观地理世界的认知（知识），一些地理现象和过程的特征和规律被表达出来，这就意味着地理空间数据所传达的信息不是减少而是增加了，尤其是对一些隐性的特征和规律来说更是如此。

信息是经过重新组织和加工，能揭示现实世界内在机制并有利于研究工作的数据。地理信息是与空间地理位置及分布有关的信息，具有空间定位、时序和动态变化的特性。

在地理学中除了能够定量的数据外，大量的是地理概念、地理现象的描述等。这些统称为地理知识（马蔼乃，2001）。这里的“地理知识”是指计算机信息科学中的信息，包括数据和知识两部分。知识可以通过信息的获取、认知等从大量数据中获取。一般说来，数据描述的是与具体对象和现象有关的事实；而知识描述一般对象和现象集合中的关系。

可以看出，从地理数据、地理信息到地理知识对地理空间表达的概念化程度越来越高，地理数据主要表现为空间数据、文字、图形图像等；地理信息主要表达的是具有空间和属性数据的地理几何要素；而地理知识主要是对地理概念和现象的描述，更符合人类的认知习惯。

2.2.2　地理空间认知内容

地理空间认知是指人们认识自己赖以生存的地理环境，包括其中诸事物、现象的相关位置、空间分布、依存关系，以及它们的变化和规律的过程（王家耀，2001）。它是地理信息科学的理论基础之一（Mark et al.，1999）。地理空间认知的主要研究内容包括：①地理空间作为一个有关人的“心理空间”或“经验空间”是怎样变化的；②人们如何获取地理信息；③地理信息在人脑中怎样编码；④编码的地理信息如何解码；⑤认知者的年龄、文化、性别或特殊的背景等因素对人们认知地理信息有何影响。可以说地理空间认知是地理空间信息获取、存储、转换、分析和利用的过程，即地理空间信息的知识化过程。空间认知的手段多种多样，主要有实地考察、阅读文字材料、统计数字、听取报告、观看地图和图片等（赵军喜和陈毓芬，1998）。其中，地图是现实地理世界抽象化、概括化的模型，具有揭示客观地理世界的结构、分布特征和相关关系的功能（王家耀，2001）。地图是空间认知最主要的工具，也是空间认知的一种结果。地理空间认知通常是通过描述地理环境的地图或图像来表达的，即“地图空间认知”。为了将客观世界抽象化时，可更好地与人的认知相匹配。

人类认识客观地理世界是从感知到认知的螺旋式发展过程。地理空间认知与人对于其他事物认知的过程相同，包括感知过程、表象过程、记忆过程和思维过程等，如图 2-5 所示（赵军喜和陈毓芬，1998）。感知过程是研究地理实体与现象作用于人的视觉器官从而产生对地理空间的感觉和知觉的过程。表象过程是研究在知觉基础上产生表象的过程，它是通过回忆、联想使在知觉基础上产生的映象再现出来。记忆过程是人的大脑对过去经验中发生过的空间地理环境的反映。思维过程则提供关于现实世界客观事物或现象的本质特性和空间关系的知识，在地理空间认知过程中实现“从现象到本质”的转化，它是对现实空间的非直接的、经过复杂中介——心象地图的反映，是在心象地图及其存储记忆的基础上进行的。心象地图是指人们通过多种手段获取空间信息后，在头脑中形成的关于认知环境的“抽象代替物”（高俊，1991）。例如，当到陌生的城市旅游时，我们需要旅游地图来指引方向和查找我们要去的地方，而在我们熟悉的城市生活，我们不需要地图的指导也能找到并到达我们要去的地方，这就是我们的头脑中已经形成了这座城市的心象地图。心象地图不是一成不变的，人的每一次认知过程和记忆过程都不是独立的，它们都可能对心象地图产生影响，使其发生变化。

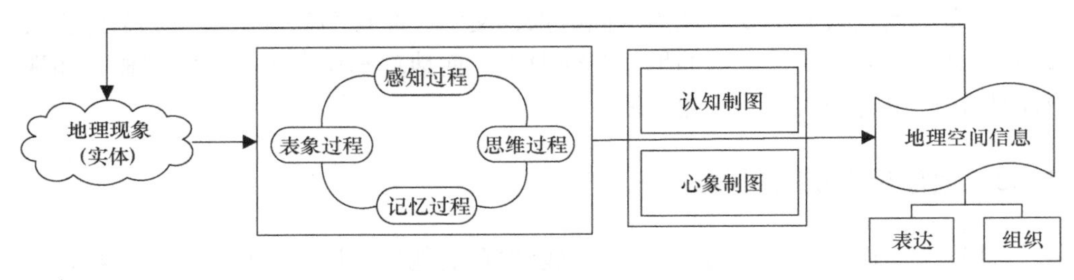

图 2-5　地理空间认知过程

通过以上对地理空间认知过程的分析，笔者认为地理空间的认知过程包括两个部分：①对现实地理世界的认知；②对地图的认知。前者直接研究人对空间的认知规律，以及空间在人脑中的内部表示、概念形成、决策行为的产生等；后者则因在空间认知过程中，主要凭借了地图等其他图像作为空间认知的物质外壳，研究外部表征如何与内部表征实现更好的匹配，并由于外部表示的物质特性，研究需要通过人的生理、心理角度分析其使用效果。将地理空间的认知过程分为这两个部分是针对两种认知的主体、对象和目标的不同。现实地理世界认知的主体主要是地理学者（地图设计者），他们通过研究人们对现实地理世界认知的模式和规律，用便于人们理解的信息表达和组织方式来描述现实世界，认知的产物是各种类型的地图，其目标是提供丰富准确的信息，帮助地图使用者认知地理空间；而地图空间认知的主体主要是地图使用者，他们通过感觉器官从地图中得到各种语言和图形信息，并由大脑分析处理得到心象地图。心象地图是地图空间认知的产物，它反映了人们对现实地理空间的理解程度。在心象地图形成的过程中，人们不断利用现有的知识与从地图认知中得到的信息进行对比分析，使心象地图更贴近现实地理世界。这两个过程都需要将感觉器官得到的信息转化为记忆存储并绘成心象地图输出的能力，即空间认知能力。空间认知能力是地图制图者和地图使用者都需具备的一种基本能力。对地图设计者来说，有良好的空间认知能力，才有可能设计出最符合人们认知环境规律的、读图效果最好的地图。地图设计者要提供一种便利，使地图使用者的空间认知能力充分发挥出来。对地图使用者来说，必须具备良好的空间认知能力，才能把平面地图上的空间信息转化为三维地理空间。

图 2-6 是地理空间认知的完整过程，从图中可以看出地理空间认知是一个循环的过程，它包括对现实世界认知和对地图认知两个子过程，这两个子过程彼此联系、相互促进，形成完整的地理空间认知过程。对现实地理世界的认知以实际地理环境为研究对象，可获得关于研究对象的直观认识，形成空间结构的生动印象，但受观察范围和时间的限制，很难得到地理对象的全方位信息及其变化规律；地图认知利用地图制图者对地理空间认知的产物——地图对现实环境进行认知，认知的范围广阔，只要地图能够表示的范围都是地图空间认知的范围，而且通过地理空间抽象得到的地图能更好地反映地理现象的变化规律。但地图是现实环境的抽象，是在二维平面上表示三维或更多维地理环境信息，从地图上建立认知的心象地图比从实际环境认知建立心象地图要难得多，且认知效果受地图设计者对现实地理世界认知的角度和个人偏好的影响，因此，了解地图使用者认知过程的特点有利于地图制图者从用户的认知特点出发，设计更符合地图使用者需要的优质地图。M. W. Dobson 认为，地图设计者应当理解人类感受与地图的图形特征之

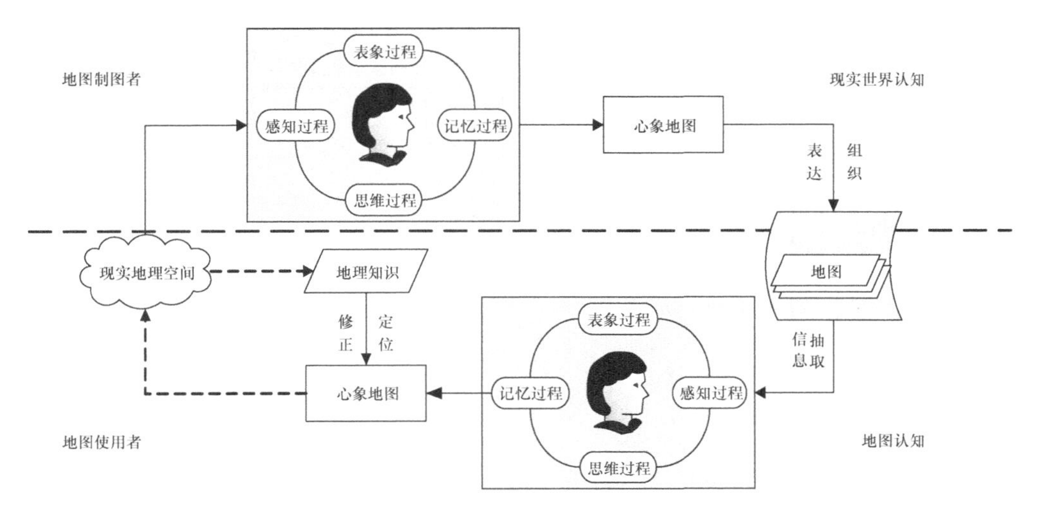

图 2-6　地理空间认知的循环过程

间的交界面，需要关心地图使用者从地图上记忆空间信息的认知过程。这些过程和那些用于分析译码信息的过程将直接影响人类行为的决策和判断。地图设计者希望提供更好的地图给人阅读，就应当理解用于阅读地图的认知过程（Dobson，1983）。

2.2.3 地理空间抽象过程

GIS 以地理空间认知为桥梁，对现实地理世界进行逐步抽象，得到不同抽象层次的空间概念，从而实现对地理系统的模拟。因此，研究地理空间的抽象过程对于 GIS 具有重要意义。

地理空间的抽象过程是将人们对现实地理世界的认知转化为便于人们理解交流又适合计算机解译和处理的实现模型。由于现实世界的复杂性和人们认知的角度、背景、目的和方法的差异，对同一地理目标会产生不同的理解和抽象，进而导致不同地理信息团体之间信息共享与互操作障碍。因此，必须建立开放式的、人们共同认可的、观点统一的地理空间认知模型。目前代表性的研究有开放地理信息系统协会（Open GIS Consortium，简称 OGC）的九层次地理抽象、国际标准化组织（ISO）的地理信息标准化技术委员会（TC211）制定的概念抽象，以及王家耀提出的三层次地理抽象。

OGC 将基本地理空间认知模型抽象为 9 个层次，如图 2-7 所示。这 9 个层次依次为：现实世界（real world）、概念世界（conceptual world）、地理空间世界（geospatial world）、尺度世界（dimensional world）、项目世界（project world）、点世界（points world）、几何世界（geometry world）、要素世界（feature world）及要素集合世界（feature collection world）。这 9 个层次中前 5 个层次均是对现实世

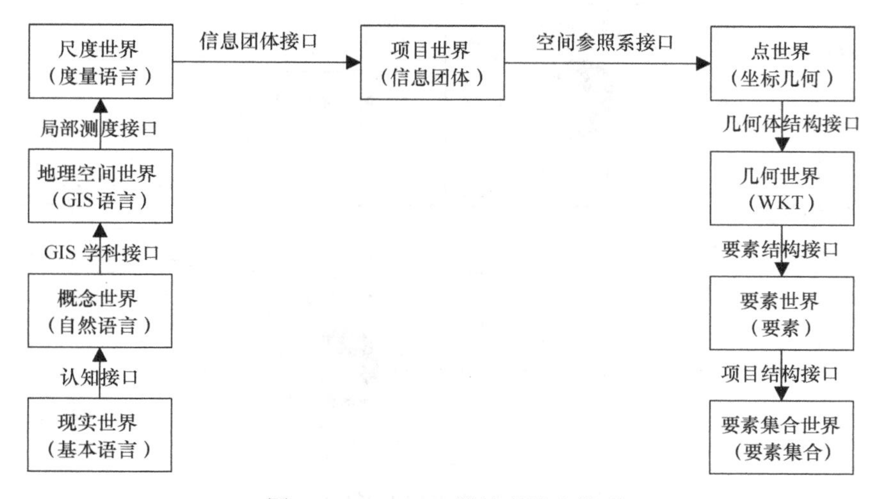

图 2-7　Open GIS 的地理抽象模型

界的抽象，也称为感知世界，不进行软件建模；后 4 个层次均是对现实世界的数学和符号描述，也称 GIS 工程世界，可以进行软件建模。这 9 个层次之间通过 8 个接口相连接，实现了由现实世界到 GIS 工程世界或地理要素集合世界的转换。

ISO-TC211 为了促进地理信息的共享性和互操作性，也制定了地理空间认知的概念模式，规定以数据管理和数据交换为目标的地理信息基本语义和结构，准确描述地理信息，规范管理地理数据，促进人们对地理空间信息的统一认识。其基本思路为：①确定地理空间论域；②建立概念模式（概念建模）；③构造既方便人们认知又适合计算机解译和处理的实现模式。从现实世界到概念模式是一个抽象化的过程，如图 2-8 所示。

王家耀（2001）针对 OGC 地理认知层次的烦琐和 ISO-TC211 抽象过程的不完整，提出了如图 2-9 所示的三层次模式来进行地理抽象。其中概念模型是地理空间中实体与现象的概念集，是地理数据的语义解释，称为地理空间认知模型。逻辑数据模型是 GIS 对地理数据进行表示的逻辑结构，又由概念模型转换而来。它是用户通过 GIS 看到的现实世界的地理空间。物理数据模型是概念模型在计算机内部具体的存储形式和操作机制，是地理抽象的具体实现。

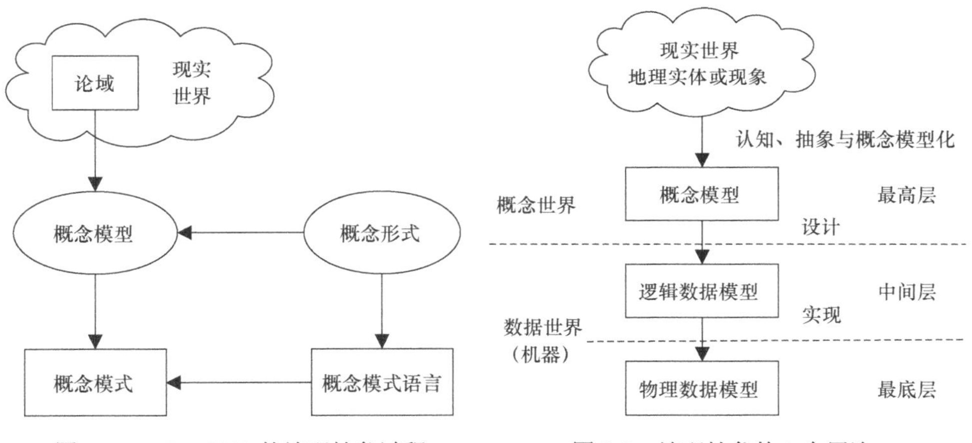

图 2-8　ISO-TC211 的地理抽象过程　　图 2-9　地理抽象的 3 个层次

从对地理抽象过程分析可知，地理空间的抽象过程正是 GIS 空间数据建模的全过程。图 2-9 中的 3 个抽象层次与 GIS 数据模型的 3 个层次对应。概念模型是对现实世界认知、抽象形成的，逻辑数据模型和物理数据模型是概念模型的实现，是现实世界向地理要素世界转化的中间模型。其中，概念模型是关键，它决定了其他两个层次的模型。GIS 的空间数据模型是否具有多尺度表达和处理的能力取决于概念模型的设计，换而言之，只有在地理空间认知过程中考虑并重视尺度及尺度效应，才能设计出具备多尺度表达和处理的空间数据模型。

2.3 尺度认知与分析

2.3.1 尺度问题的由来

尺度问题是地理信息科学有关认知最优先研究之一（Mark et al.，1999）。由于地理空间研究对象的无限复杂性，人们不可能观察地理世界的所有细节，地理信息对地球表面的描述总是近似的（UCGIS，1996），近似的程度反映了对地理现象及其过程的抽象程度。因此，尺度必定是所有地理信息的重要特征。每一地理实体都有其固有的空间属性，而且仅可能在特定的尺度范围内被观察和测量。不同的尺度不仅在所表达的信息密度上有很大的差异，而且会影响所表达的地理信息是否正确，因为不少地理现象和规律只在一定的尺度上出现（Cao et al.，1997；邬建国，2000）。试想一下，在高分辨率和大比例尺下，大陆漂移学说能被发现吗？同理，在宏观尺度下也无法进行物质内部分子间作用力的研究。尺度影响着地理空间信息的内容，也影响着空间信息的表达、分析结果并最终影响人类的地理空间认知。

尺度是地理空间分析的一个基本工具，是我们认识、观测世界的窗口。虽然地理现象和过程是客观存在的，不依赖人的意志，但对地理空间观察测量的距离和范围是依赖于观测尺度的，在一个尺度是同质的现象，到另一个尺度就可能是异质的。改变观测尺度，而不是首先了解尺度变化将产生的结果，会使有关现象的过程或规律的表达得不到预期的结果。因此，当我们观测地理空间实体、模式和过程，并试图理解它们之间的关系时，应当选择合适的观测尺度。同时，不同观测尺度所获得的信息量和信息规律性不同，针对不同的应用领域和目的应选择合适的尺度。例如，在城市中旅游的游客需要比例尺较大的地图，以便获得比较详细的地理信息；对于自驾车在城市间旅行的游客则需要比例尺较小的地图，以确定总的方向和方位概念，并满足视觉一览性要求。

作为认知主体的人类不仅具有不同的文化背景和专长，而且认知客观世界的角度也不同，因此对相同地理现象有不同的认知和表达。而且不同的应用目的也需要相同地理现象的不同表示。例如，在土地利用类型分析中，一个街坊或小区可以用一个多边形来表示，其利用类型为住宅用地；而在房地产权产籍分析中，可能每一间房屋都必须用一个多边形表示，对应不同的产权所有者。人类对客观地理世界的认知是分层次的，所进行的地理空间分析也具有很强的区域性。在经济地理和景观生态学的研究中，尺度无疑是一个非常重要的问题。不仅需要研究地理空间在不同尺度上所表现出来的特征和规律，还要研究适宜性尺度选择及不同尺度之间转换的问题。特别是在地理学中，常常需要利用多个尺度进行分析，以提高研究效率并确定其结论正确与否（Herot Christopher et al.，1980）。例如，鲁学军等（2000，2004）对地理空间的等级组织体系进行研究，基于地理学、景观生态学有关研究，应用层次理论，对地理空间在大、中、基本 3 种尺度上的结构组成进行研究，并对不同尺度上结构组成的地理分析意义，以及它们之间的尺度转换关系进行了分析，建立了一种有关地理空间结构与功能表达的空间等级序列。因而空间数据的多尺度表达与处理是符合人类推理习惯的一种自然表达方式。

2.3.2　尺度认知

2.3.2.1　尺度效应

尺度效应是指某种现象在不同的空间/时间尺度下有着不同的规律性。在许多行业和领域，如化工业、物理学和小波理论，都对多尺度效应及多尺度时空动态行为过程等进行了研究。在地理信息科学领域，研究表明，多种地理现象和过程具有明显的尺度依赖特征，其尺度行为并非按比例线性或均匀变化（UCGIS，1996，1998；Goodchild and Quattrochi，1997）。研究并正确认识现实地理世界在不同尺度上所表现出的特性及规律是人们地理空间认知的基础。人们对事物、现象或过程的认识会因尺度选择的不同而得出不同的结论，这些结论有些可能反映了事物的本质，有些可能部分地反映，有些甚至是错误的认识。显然，仅使用单一尺度通常只能对事物进行片面的认识，只有采用不同的尺度，小尺度上看细节，大尺度上看整体，多种尺度相结合才能对事物有全面、清楚的认识。另外，在自然界和工程实践中，许多现象或过程都具有多尺度特征或多尺度效应，同时，人们对现象或过程的观察及测量往往也是在不同尺度上进行的。因此，多尺度分析是正确认识事物和现象的重要方法之一。

尺度效应是一个时间概念，也是一个空间概念，同时不同的时间/空间尺度可以相互转换。因此，获取地理现象和过程如何随尺度变化的知识，并在此基础上研究不同尺度之间相互转换的机制，是分析理解现实世界并进行抽象建模的有效方法。一般情况下，在一个尺度上的过程或结论只适用于这个尺度，对其他尺度可能不适用。一般地，大尺度下的现象或过程频率低且速度慢，表现出整体的性质和规律，而小尺度下的现象或过程频率高且速度快，其结论多是局部行为的体现。但从实际角度出发，很多情况下，没有可能或没有必要将所有尺度的数据都收集齐全，用于分析的数据往往是单一或少数个别尺度的，要想了解其他尺度的结果必须进行尺度转换。因此，尺度转换就成为许多学科都要研究的课题。尺度转换又称标度化或尺度推绎，是不同时间和空间层次上过程联结的概念（赵文武等，2002）。一般尺度转换包括尺度上推和尺度下推。尺度上推是把给定尺度信息向更大尺度转换的过程，它是一种信息的聚合；尺度下推即向较小尺度转换，是一种信息的分解，其目的是将较大尺度的观测或模拟结果应用到局部的小尺度区域，以解决具体问题。

2.3.2.2 地理现象的多尺度描述

地理现象是复杂的，它涉及的时间尺度和空间尺度都很大。对地理现象的研究是通过对其描述的概念、量纲和内容的层次性来实现的，即将不同尺度的过程用特定的概念、量纲来抽象描述（王家耀，2001）。其多尺度特性表现在以下 3 个方面。①概念尺度性：描述地理现象的概念有尺度的含义。②量纲尺度性：指描述地理现象或空间实体的单位及量测的数量级别，其尺度的单位主要有距离单位和时间长度单位。③内容（属性）尺度性：数据内容多尺度表现为属性变化的强弱幅度及内容的层次性。

尺度行为是指地理现象随观测尺度的变化而变化的特性。研究表明所观测的地理实体的复杂程度随尺度的变化而变化，但不是作线性或均匀变化（UCGIS，1998）。同一地理现象和过程的尺度行为也并非按比例线性均匀变化，因此需要研究地理实体的空间形态和过程随尺度变化的规律。地理学的分析思维是：从不同的尺度特别是空间尺度观念出发，寻求在相应尺度观念下的物质景观单元和可统计的时间段，从而进行地理分析。显然，从分子扩散运动机制直接去推导大气圈演变和板块运动是不可能的。选择合适的尺度进行研究，并推导相应尺度上的规律才是科学的分析方法。在尺度的选择中，时间尺度与空间尺度不是独立的，而且因地理位置不同会有所差异。不同观测尺度下的地域分异，实际上是随观察与分析目的不同，对对象空间尺度的一种选择。因为分析总是针对研究对象某一层次的属性展开的，观测对象的本来属性被有目的地选择了。

2.3.2.3 地理实体的尺度特性

地理空间实体是具有空间分布特征和一定几何形态的事物和现象，是构成地理信息空间的基本单位。它具有 3 个基本特性，即空间特性、属性特性和时间特性。

空间特性是指地理空间实体的几何特性及其与其他地理空间实体之间的空间关系。几何特性是指与空间实体的位置、大小、形状及分布相关的特性。空间实体的几何特性按照空间的维数来划分，可分为点、线、面和体四类地理空间实体。地理实体间的空间关系是指它们之间存在的一些具有空间特性的关系，主要包括拓扑关系、方向关系、距离关系和邻近关系（边馥苓，2006）。

属性特性是与地理空间实体相联系的、具有地理意义的数据，用于描述空间实体性质和对其进行语义定义，也称为专题或语义特性。在地理空间中，地理实体是分等级的，它按照地理语义组成层次结构。例如，道路和河流都可分为多个级别。属性之间的相关关系反映了实体之间的分级语义关系，主要表现为属性多级分类体系中的从属关系、聚类关系和关联关系。

时间特性是指地理实体的空间位置和属性随时间变化而变化的特性。地理空间是一个动态的不断变化的空间，每一地理空间实体都具有其存在的生命周期，在这个生命周期中，地理空间实体可以以多个状态存在，但在某一时间点上地理实体的状态是唯一的。当地理实体的空间位置或属性发生变化，地理空间实体的原来的状态发生改变，并向新的状态转化。

除了上述 3 个基本特性，地理空间实体还具有尺度特性。尺度特性是指地理空间实体在不同的地理空间层次上所遵循的规律，以及表现出的特征不尽相同。地理空间实体的 3 个基本特性都与尺度有很强的相关性。在不同的尺度上，地理空间实体的几何特性会发生改变，如几何形状、目标维数的变化。地理空间实体之间的空间关系也会随着尺度的改变而发生变化。例如，在 1∶1000 的地图上，建筑物与道路之间是相离关系（存在一定距离），而在 1∶10 000 的地图上，它们之间的拓扑关系变为相邻关系（边界有相交部分），若地图比例尺变得更小，建筑物这样的要素类别就消失了，取而代之的是像街区这样的新的类别，道路则变为一条线，此时，建筑物与道路之间的拓扑关系就不存在了。地理空间的属性特性则表现出更强的尺度相关性。属性表达了地理空间实体语义特征，而语义本身具有很强的层次性。随着尺度的变化，属性值进行聚合与分割，从而产生新的空间目标和新的空间知识，地理空间实体的所属类别和等级也会发生相应变化。例如，在 1∶1000 的土地利用图中，土地利用类型详细到三级地类，而在 1∶50 000 的土地利用图中，只需划分到二级地类，原来在 1∶1000 的地图中相邻的三级地类图斑被合并为一个二级地类图斑。时间特性也与尺度相关，它体现在地理空间实体表示的周期及形成周期的长短不同。例如，全球范围内的气候变化周期可能是几十或几百年；而城市地籍变化的周期可能是以年为单位的。时间尺度的不同会造成地理空间实体在某一时间点上表示状态的不同。例如，在 2001~2005 年的时间段内，某一地块在 2002 年和 2005 年发生了两次变化，如果土地利用调查周期分别以 1 年和 5 年为单位，那么这一地块在 2003 年表示的状态就不同，在 5 年期的土地利用调查中，2002 年的这次变化被忽略了。

基于以上分析，可以看出地理空间实体的 3 个基本特性都与尺度相关，因此地理空间实体的尺度特性是基本特性的特性，按 3 个基本特性可相应划分为空间尺度特性、属性尺度特性和时间尺度特性。

2.3.2.4　尺度的类型及特征

“尺度”是与地理信息相关的最基本的但也是难以理解、易混淆和过载的概念之一，它有多种含义，如绝对大小、相对大小、分辨率、粒度、详细程度等（Peterson and Parker，1998；NCGIA，1997）。但不同的学科对尺度的定义不同，其定义取决于尺度所应用的环境。许多学者对尺度进行了定义和分类，如 Lam 和 Quattrochi（1992）对尺度进行了基本的分类；Li（1996）按照不同的分类标准对尺度进行了分类，如表 2-1 所示；Schneider（1994）将尺度定义为地理数据度量范围内的精度；

Gardner（1998）对尺度进行了更复杂的定义，他认为尺度是模式的变化，这种模式由空间广度的测度来决定，并且该测度能探测地理实体量度多样性上的显著变化。

表 2-1　尺度的分类

分类标准	尺度类型
根据对象的域	空间尺度、时间尺度
根据对象的范围	微观、普通和宏观尺度
根据处理过程	实际、数据、模型和成果尺度
根据测量标准	名义、顺序、距离和比率尺度

按照尺度与地理空间实体本质之间的关系，我们将尺度分为本质尺度和人为尺度两种。所谓本质尺度是指自然本质存在的，隐匿于自然实体单元、格局和过程中的真实尺度，是不以人们的分析和表达为转移的。它也是个变量，不同的现象和过程在不同的尺度上发生，不同的分类单元或地理空间实体也从属于不同的空间、时间或组织层次。一般本质尺度可区分为空间尺度、时间尺度、组织尺度、功能尺度等。人为尺度是人为因素引起的，自然界中并不存在的尺度，如研究（观测）尺度和操作尺度等。不同的尺度是受人的感知能力和研究目的等因素限制的，其中包括人的喜好和选择（视觉搜寻）。因为没有已经定义好的正确的尺度来分析现象，所以尺度也就随人的感知和应用目的不同而发生变化。结果，人类的需求也就成为决定性因素。在自然地理学和生态学研究中，多对地理现象和过程存在的层次性进行分析，即主要研究地理空间实体的本质尺度。而在地理空间信息科学，特别是地图学中，对尺度问题的研究主要集中在地理实体的表达和处理上，因此侧重于人为尺度的研究。

2.3.3　地理信息系统中相关尺度概念

尺度在不同的研究领域有不同的定义和表现形式，在地理信息相关的科学中尺度也一直是研究的热点问题。美国 UCGIS 和 NCGIA 均对尺度问题进行了足够的研究。尺度问题是 UCGIS 的 10 个研究专题之一。NCGIA 于 1998 年召开了地理信息中的尺度和细节（抽象程度）问题研讨会（Montello and Golledge，1998），在会议的倡议书中提到，尺度有多种表现形式：绝对尺度、相对尺度、分辨率、间隔尺度（粒度）和细节（抽象度）。

地理空间实体是 GIS 的主要研究对象，它们具有空间、时间和语义 3 个基本特性，因此，在 GIS 中尺度既可以指研究范围的大小，详细程度（空间尺度），也可以指时间的长短和频率（时间尺度），还可以表明属性的抽象水平（语义尺度）。其中，对空间尺度的讨论较多，应用也最广泛。Montello（1993）指出空间尺度有 4 种：地图比例尺、分析尺度、现象尺度和粒度。Sheppard 等（2004）将空间尺度分为 5 种类型：地图尺度、观察尺度、测度尺度、运行尺度和解释性尺度。他们分类的侧重点不同，但也有交叉的部分，如地图尺度和地图比例尺都是指地图的图形表示与现实世界的缩小量。分析尺度是指对地理实体进行度量和数据采集时的尺寸大小，也包括数据分析和制图时的尺度大小，主要包括空间广度、分辨率和研究尺度。它的概念包括了 Sheppard 所提出的观察尺度（空间广度）和测度尺度（分辨率）。现象尺度是对地理现象理解的本质尺度，是地理空间实体的“真”尺度，即我们在 2.3.2.4 节中提到的本质尺度。地理空间实体的本质尺度体现在尺度依赖性和存在尺度问题。尺度依赖性是指在一个尺度上同质的现象或目标到另一个尺度就可能是异质的；地理现象在不同的尺度上可能表现出不同的规律性，在一个尺度上成立的结论到另一个尺度上可能是错误的。存在尺度问题是指每一地理实体都有其固有的特性，而且只能在特定的尺度范围内被观察、测量、建模和表达，超出这个尺度范围，该地理实体就不存在。粒度是指数据的精度及信息和知识的抽象程度，它反映了地理空间实体的精确度和抽象层次，是影响数据分析和可视化的重要因素。运行尺度是指某种地理过程运行环境的空间范围，如建筑用地扩张过程涉及土地的不同分区。解释性尺度是指依研究对象的不同而采用不同的空间视野或角度。在这些空间尺度分类中，地图比例尺、空间粒度、空间分辨率、空间细节层次（LOD）等使用最广泛也最容易混淆，在实际应用中它们常常成为空间尺度的代名词。

（1）地图比例尺

地图比例尺是最早用来描述对现实地理空间的表达程度。它是地图到现实世界空间关系的表达，反映了图上距离与地面距离之间的比例关系。按照 ICA（1976）的定义，地图比例尺就是地图上的尺寸与它所表达的实际尺寸之间的比率。这种比率就是传统意义上的“比例尺”（闾国年等，2003）。比例尺是地图的一个必需要素，由于纸质地图的图面大小限制，其比例尺一般是固定的，不能被改变。比例尺大小的选择由地图用途决定。当需要了解地图空间要素的详细信息，就要采用大比例尺，如房地产权产籍管理；当需要了解空间方位信息和空间布局信息时，就要采用较小比例尺，如城市土地利用规划、导航地图等。

地图比例尺与地图表达区域（空间广度）之间有一定的联系，人们通常认为大比例尺地图比小比例尺描绘的地图范围要小（Goodchild et al.，1997）。大比例尺表达着小的区域，表达的地理目标详细；小比例尺表达着大的区域，表达地理目标粗略。这有时也容易让人混淆（Silbemagel，1997）。其实小比例尺与大比例尺都是相对概念，没有绝对的大小。比例尺和空间广度之间也没有像人们通常认为的那样绝对的对应关系。

地图比例尺产生于纸质地图，它表征着纸质地图的许多特征和性质，也因此受到多种因素的影响，如媒介尺寸、制图要素的密度、制图区域的空间外延等。随着数字世界的发展，数字地图的应用越来越广泛，在数字环境中，数字地图主要显示在终端显示屏上，地图比例尺受这些因素的影响相对较少，而与地图显示相关的因素对其影响较大，如显示比例尺、屏幕分辨率等。很多人对地图比例尺和显示比例尺的概念产生混淆，甚至将两者等同使用，其实它们之间有着明显的差别。对于纸质地图，它的地图比例尺和显示比例尺是相同的，但对于数字地图，由于可以进行地图缩放操作，同一地图比例尺的地图在屏幕上可以不同的大小表示，即用不同的显示比例尺显示。

（2）空间粒度

粒度是与尺寸大小、数据精度相关的尺度概念。在物理学中粒度是指微粒或颗粒大小的平均度量，在地理信息科学中，它常用来指空间数据采样的像素大小、地理目标的分辨率、空间数据的认知层次等（应申等，2006）。空间粒度多在数字地图中使用，而且主要用于栅格数据类型。栅格数据以栅格或像素为最小单位来组织数据，因此空间粒度是指数据的最小组织单位或最小可辨别的尺度和大小。它与等级理论中的粒度很类似（Ahl and Allen，1996）。空间粒度反映了研究目标的详细程度，是空间数据尺度影响分析的一个主要因素。只有大于粒度的目标才能被观察和分析，因此，粒度对目标分类及数据分析的结果至关重要。采用不同的粒度观察和分析同一主题，可以从不同的认知层次上来分析数据，以满足不同的应用需要。

（3）空间分辨率

空间分辨率是邻近空间实体的可区分度，同时它也限定了可被观察的地理实体的最小尺寸。在纸质地图中，受地图符号、印刷条件和媒介等因素的影响，空间分辨率取决于地图比例尺。一般地，地图上能表示线要素的最小宽度为0.5mm，因此，对于1∶10 000的地图，其分辨率为5m，实际地理目标中，宽度大于或等于5m的道路可在地图上表示，而宽度小于5m的目标将被忽略或不被区分。在数字地图中，空间分辨率也是影响地图数据尺寸和数据可区分最小间隔的主要因素。数字地图显示于电子屏幕上，与之相关的还有设备分辨率的概念。显示屏幕的设备分辨率又称输出分辨率，是指屏幕上每英寸包含的点数（像素），通过每英寸所打印的点数（DPI）来衡量。栅格图像数据通常存储格网像素，像素大小决定了图像的分辨率。其分辨率有多种衡量方式，典型的是以每英寸的像素数（PPI）来衡量。

（4）空间细节层次

尺度具有抽象层次的概念，可以理解为空间细节层次。对同一区域不同尺度的空间认知和地图表达可以抽象成不同层次的数据，这些不同层次的数据构成了空间细节层次。影像数据多采用空间细节层次方式存储，不同细节层次的数据共同存储在数据库中，构成影像金字塔。由于地图大小和显示设备尺寸是一定的，它的数据内容所包含的信息容量是一定的。当涉及的地理范围较大时，显示的地理要素的数量虽然多，但主要表现的是范围内的布局情况和总体趋势，没有对个体详细信息的描述，从而大量的细化信息被忽略，要处理的信息量也不大；而当深入到较详细的层次，显示较多的个体详细信息时，地理范围已缩小到用户感兴趣的地方，信息虽然细化、详细了，但由于范围的缩小，整个区域所包含的信息量还是不大。正如 Muller 所说的“超过一定的详细程度，一个人能看到的越多，他对所看到东西能描述的就越少”（Muller et al.，1994）。空间细节层次概念正是这一理论的体现，该技术有效地解决了在有限的显示屏幕（媒介）中显示不同详细程度数据的问题，可根据不同的应用需求选择合适的数据细节层次来显示数据，大大提高了数据显示和操作的速度。

2.4　广义尺度概念

从以上分析可知，尺度是认知地理对象、地理空间和地理现象的基础（Montello，1993；UCGIS，1996），是推动地理信息发展的主要动力。在与地理信息相关学科中，对于尺度问题的讨论也一直很热烈，提出了很多与尺度相关的术语，如多尺度（郭建忠和安敏，1999；魏海平，2000；吴凡，2002）、多分辨率（Duntton，1996；方涛，1999；张锦，2004）、多详细度（Govorov and Khorev，1996）、多重表示（Buttenfield and Delotto，1989b；Buttenfield，1993；Egenhofer et al.，1994c）等，虽然如前面分析的各有侧重，但由于地理信息科学的特殊性——以地图为基本研究对象，侧重空间数据分析，实际上这些术语都与多比例尺差别不大，都是对地理数据空间尺度的描述。随着地理空间认知的深入及信息技术的发展，对于多尺度的理解不应仅局限于空间尺度，而要向时间、语义等多维方向上扩展。为了区别于传统的多尺度（多比例尺）概念，文中引入“广义尺度”的概念。

广义尺度属于认识论的范畴，它的定义和分类不是固定不变的，在具体应用中，可根据不同的应用需求加以定义和细化。尺度的广义性体现在两个方面：尺度多义性和尺度的可扩展性。

尺度是客体在容器中规模相对大小的描述（王家耀，2001），它就像一把尺子，为人们认识、判断事物提供标准。尺度的多义性体现在针对不同的研究对象，尺度的含义和分类会有所不同，对同一对象研究的侧重点不同，也需要采用不同的尺度。例如，描述地理现象的尺度分为概念尺度、量纲尺度和属性尺度；描述空间数据时，针对不同的数据性质可分为空间尺度、时间尺度、属性尺度和质量尺度等。

从地理信息尺度问题的研究历程可以看出尺度的概念是发展的，在不同的理论和技术水平下所包含的内容不同。例如，在地理信息研究的初期，地理空间数据侧重图形要素方面的研究，因此将空间数据的尺度等同于地图比例尺；随着地理信息系统应用在时态方面需求的增加，空间数据的时态信息逐渐被研究者关注，对地理空间数据的理解也由原来的空间属性数据发展为时空数据；时空数据的尺度研究就应该包括空间尺度和时间尺度两个方面；随着网络技术的出现和发展，数据共享和互操作成为可能，在对空间数据共享实现的研究中，空间数据属性信息的重要性被逐渐认识，即实现空间数据的语义共享和互操作，于是引入了语义尺度概念来研究空间数据属性信息的尺度问题。在今后的研究中，随着理论和技术水平的不断发展，以及人类认知水平的不断提高，地理空间数据的内容会更加丰富，对其尺度问题的研究也需进行新的扩展。尺度的可扩展性就体现在能根据新的需求、新的认识对尺度的内涵进行扩展。

具体看来，尺度是地理空间认知的本质特性，体现在地理信息处理过程的每个阶段中。按照地理信息处理的步骤来划分，在不同阶段尺度的内涵如表 2-2 所示。

表 2-2　广义尺度的内涵

处理阶段	对应尺度	尺度内涵	尺度分类举例
地理空间认知 ⇩ 地理信息获取	认知尺度	对客观现实地理世界的现象和过程进行认知的尺度，包括对地理现象尺度本质的认知	现象尺度 组织尺度 功能尺度 时域尺度
⇩	采集尺度	在对现实地理世界数据化时，采集所需空间数据的尺度	观测尺度 采样尺度
地理信息处理 ⇩	操作尺度	数据管理和处理的尺度	存储尺度 更新尺度
地理信息分析	分析尺度	进行地理信息分析和地理现象变化规律分析时的尺度	空间分析尺度 变化周期分析尺度
⇩ 地理信息表达	表达尺度	对地理信息进行表达时的尺度	空间尺度 时间尺度 语义尺度

1. 认知尺度

在地理空间认知过程中所涉及的尺度问题统称为认知尺度，它是指人们在认识、抽象现实地理世界的过程中所采用的不同视点、不同地理区域和不同的理解方式。人类生活的客观世界充满着心象地图，它们是人类对现实世界的空间结构、地理现象和过程认知理解的图形表示。通常不同的人对现实世界的理解不同，会产生不同的心象地图，这是因为人们受文化和教育背景的影响，认知客观地理世界的角度、方法不同，即采用不同的尺度来认知。尺度从技术上影响着地理数据的内容，也影响着空间信息的表达、分析并最终影响人类的认知。认知尺度决定了整个地理信息处理过程的主体尺度，其他各阶段的相关尺度研究都围绕这一主体尺度展开。

2. 采集尺度

空间数据采集是地理信息数字化的最初阶段，也是最重要的阶段，所采集的空间数据尺度将影响空间查询、分析和显示操作的精度。空间数据采集可以通过多种途径，直接对现实地理世界的要素进行量测是途径之一。直接量测的采集尺度由精度等参数决定，采集精度取决于测量仪器。另一种数据采集方式是间接量测，即对已有的地形图或专题图进行重采样，生成新的符合要求的空间数据。间接测量的采样尺度由原始地图数据的精度及采样间隔决定。

数据采集包括对地面坐标的采集和地理要素高程值的采集两部分，与之相对应的数据采集尺度分别为水平采集尺度和垂直采集尺度。水平采集是对空间数据平面坐标值的采集，而垂直采集尺度是对空间数据的高程值的采集，通常水平采集尺度和垂直采集尺度之间没有严格的一致性要求，可根据实际应用需要使用不同的采集尺度。

3. 操作尺度

操作尺度是对采集的空间数据进行的存储、处理和更新等操作所采用的尺度。这些操作都是对存储在数据库中的空间数据进行的，因此空间数据的操作尺度与相应的数据库参数有一定的关系。根据实际应用需要及所采用的 GIS 专业软件的不同，空间数据的存储单位和操作尺度不尽相同。有些空间数据以图幅为单位存储，而有些则以图层为单位存储，以单个要素为查询单元。

4. 分析尺度

分析尺度是进行数据分析时采用的尺度，它受数据存储精度的影响，也与分析的对象和目的有关。对于大范围及较长时间周期内变化情况的分析尺度较大，例如，对近 100 年的全球气候变化情况分析。而对于小范围内对象变化的精确分析需要采用较小的分析尺度，如土地拆迁分析。对于矢量数据表达方式适用于基于空间关系的分析，如邻近分析、拓扑关系分析等。如果分析的是某个不确定要素随时间的散布情况，如烟雾污染，那么就应该选择栅格数据表达方式。

5. 表达尺度

空间数据的表达是地理信息系统的核心功能之一，它将空间数据以用户需要的方式显示在终端设备上，是地理信息可视化的重要环节，也是用户最直观地获取空间信息的方式。空间数据的多尺度表达就是采用不同的表达尺度建立空间数据模型，即采用不同的方式（语言或数据形式）描述要素的几何、空间关系，语义关系等。在本章 2.5 节中将对空间数据的表达尺度进行详细分析。

2.5 广义尺度下地理空间表达框架

2.5.1 地理空间数据多尺度表达

Cola 认为，尺度是在空间数据分析处理中处处都要碰到的问题，应将它作为与空间、时间和主题一样的基本因素（Cola，1997）。尺度是所有空间数据的共同特征。作为认知主体的人具有不同的文化背景和专长，在认识现实世界的过程中常采用不同的角度来分析问题，在其思想中自然地使用多种甚至是相互矛盾的表示（Shafir et al.，1993）。而且对于不同的应用目的通常也需要对相同的地理实体采用不同的表达方式。作为一种分析和思想方法，空间数据的多尺度表达不仅仅是为了满足实际应用的需要自适应地提供多比例尺空间数据，实现空间数据的多尺度可视化的要求，同时它也是一种更自然的空间认知和空间分析方法。因此，空间数据的多尺度表达是符合人们认知特点的一种自然的表达方式。同时，由于分析研究和实际应用的需要、地图可视化的需要及对制图综合缺陷的补充，也需要对空间数据进行多尺度表达。地理空间数据多尺度表达的重要性主要体现在4 个方面。

1. 分析研究和实际应用中需要对地理空间数据进行多尺度分析与处理

GIS 的研究对象可被看作一个特定的开放系统，系统又由若干个不同层次的子系统组成。对该系统的分析和研究不但要从宏观上总体把握，还要从不同的角度、不同的层面对系统的微观领域进行详细认识和分析，这就决定了 GIS 必须提供多尺度空间数据集，以实现对地理对象进行不同详细程度的表达或反映，满足系统分析的多层次需求。在空间信息分析与应用中，不同的应用对数据的详细程度、精度等的要求是不一样的。例如，政府决策、环境管理、资源与土地管理、车载导航等问题的分析，需要从宏观、中观和微观 3 个尺度上来进行分析（王晏民等，2003）。同一种应用在不同的阶段对空间数据的要求也是不一样的。所以，空间数据的多尺度处理方法对空间数据分析、应用具有现实意义。

2. 地理空间数据的多尺度表达是图形显示和可视化的需要

受地理空间数据承载媒介的制约，空间分析所需的地理要素不可能在同一时间全部显示出来。而且从空间分析的效率和可视化角度来考虑，也没有必要将全部的地理要素同时显示，用户能看到的信息越多，越难快速地从中提取所需的信息。因此，要满足地图显示和可视化的需要，也要对空间数据进行多尺度表达。

3. 地理空间数据的多尺度表达是对自动制图综合技术缺陷的补充

地理空间数据管理的理想模式是在数据库中只存储研究区域最大尺度的数

据，在地图显示时，实时自动地从空间数据库中获取与所需尺度自适应的空间数据，真正实现无尺度的地理空间信息表达。但这一模式实现的关键就是自动制图综合技术问题。虽然自动制图综合技术在近些年的研究中取得了很大的进展，但众所周知还未获得圆满解决。因此，多尺度空间数据的表示和处理不但在目前可以弥补自动制图综合的缺陷，而且日后即使计算机制图综合自动化能够实现，由于综合过程十分复杂，预先利用制图综合中数据转换工具和手段派生出多重表达的多尺度空间数据库也是非常必要的，不失为自动制图综合的一种辅助方法（李爱勤，2001）。

4. 互联网环境下的网络服务需要对地理空间数据进行多尺度分析与处理

互联网的出现带来了地理信息系统的飞速发展，同时数据显示和传输问题也对传统的地理信息领域提出了新的挑战。随着网络技术的发展及地理信息服务需求的快速增长，人们对数据精确性和实时性的要求也越来越高，传统的图片及栅格数据显示方式已不能很好地满足用户需求，网络地理服务需要不同专题不同比例尺的空间数据来满足不同的应用需求。因此，较理想的方式是根据用户的应用需要首先从多重表达数据库中提取能满足客户端显示要求的数据，发送给用户，使用户在最短的时间获得信息量最大的数据，然后根据用户分析的深入发送更详细的数据。这种方式不仅可以减轻网络负担，缩短响应时间，而且可以优化图形显示情况，提高网络服务质量。

2.5.2　地理空间表达的广义尺度框架

地理空间数据作为现实地理世界的数字载体，在不同的认知尺度下可能有不同的表现形式。这些不同的表达形式都是现实地理世界的映射，它们彼此之间由内在性质相互联系，但由于认知目的和方法的不同呈现不同的表现形式。不同的表现形式是和不同的标准对应的，因此表达空间可视为一个多维的空间，多维空间中的每一个维度（数轴）都与实际应用中的一个标准对应。在本书中，我们将空间数据表达的尺度框架描述为一个四维空间，重点研究其对应的空间尺度、时间尺度、语义尺度和主题尺度，分别用 Sp、St、Se 和 Sv 表示。通常对尺度的划分都根据空间数据的表达框架——空间、时间和语义三要素来定义。笔者所强调的主题尺度也是对空间认知多尺度特性的一个重要表现方面，它体现了人们认知目的，以及分析问题、解决问题的对象的不同。

1. 空间尺度

空间尺度主要是对地理空间数据的几何特征，也称空间位置特征的表达尺度。它反映出研究者意图，以及观察地理对象空间分布规律的视点高度。地理空间数据在空间尺度上的差异体现在其地理分布范围的大小和数据详细程度的不同上。具体表现在不同尺度的地理空间对象的几何形态及复杂程度不同，地理空间对象间的拓扑关系也可能发生变化。通常较小的空间尺度对应较复杂的几何形态，而较大空间尺度对应相对简单的几何形态。例如，城市道路从小的空间尺度向大的空间尺度转换过程中，由于小于预先设定的阈值，一些小路会消失，而一些双线道路会简化为单线道路，同时道路与附近建筑物的关系可能由相离变为相邻。

2. 时间尺度

地理空间数据的时间尺度是指数据表示的时间周期及数据存在周期有不同的长短。时间尺度反映了数据采集者的研究意图，即分析地理对象和过程的时态演变规律时所采用的时间间隔。时间尺度的不同可能会引起地理对象或对象的不同细节的采样时间点不同，从而使不同尺度下的地理对象在同一时间点上的特征存在差异。虽然通常将时间理解为一维的变量，但时间尺度的跨度非常大，小的时间周期可以精确到小时甚至分钟，而大的时间周期可以长达几十或几百年。正是因为地理现象和过程具有一定的自然规律，才使地理空间数据具有时间多尺度特性。单纯研究时间尺度的意义不大，只有结合空间尺度的研究，才能表达地理现象和过程的内在规律。而且我们看到时间尺度和空间尺度上存在一定的对应关系，即较长的时间周期对应较大的地理区域和较概略的数据详细程度。这也符合人们对地理过程规律分析的特点，并和一定的研究目的有关。

3. 语义尺度

语义尺度是指与空间数据的属性内容相关的尺度，它表达了地理空间对象语义层次的分类级别。语义尺度反映了地理空间对象在属性内容上的抽象程度，不同语义尺度上的属性数据存在聚合、属于、联合等关系，表现出语义上的层次性，如在土地利用详查中，对于“土地利用类型”字段的值有的要精确到三级地类，而有的只需对二级地类进行统计。这时它们所采用的语义尺度就不同，$Se_1 < Se_2$。语义尺度与空间、时间尺度及主题尺度都有密切的关系。一般来说，大的空间和时间尺度下，属性的抽象层次也较高，即具有较大的语义尺度，而小的空间和时间尺度则往往对应较小的语义尺度。语义尺度也与一定的主题尺度相对应，以满足主题尺度下的用户需求和应用目的。

4. 主题尺度

主题尺度体现了用户需求和应用目的的不同对地理空间数据多尺度表达的要求，因此也可称为视点尺度。在地理信息科学和计算机科学高度发展的今天，按需制图综合（多尺度表达），以及智能化、人性化地理信息服务越来越受到人们的重视，在此背景下，主题尺度的引入有很强的现实意义和实用价值。例如，一个地块要同时为市政管理者、环境学家、社会学家、植物学家、动物学家等提供分析、规划、预测等功能，就必须针对不同的使用者在数据库中以不同的表达方式来存储，这些不同的表达方式都是对原始地块的某些特性进行突出化和扩展而得到的，但都与现实地理世界中的同一地块对应。关系数据库中的用户视图定义是这一概念的雏形。在与 GIS 相关的概念中，分层数据组织方式，即每一数据层由相同比例尺和应用主题的地理要素组成，也体现了主题在 GIS 应用中的重要性。

上述 4 个尺度构成了广义尺度空间的四维，通常认为时间是一维的，因此在图 2-10 表示中将时间尺度维单独表示。在时间轴上，不同的时间点所描述的地理空间实体只是客观地理世界发展历史长河中的一个快照。在地理信息空间中，每一空间对象所代表的只是真实地理实体全部信息的一个子集。不同尺度都是对现实地理世界不同详细程度的一种划分。因此，地理信息尺度空间是集空间、时间、语义和主题为一体的多维空间。多维空间中的一个点代表在某一空间尺度、时间尺度、语义尺度和主题尺度下对现实地理世界的抽象表达。由于广义尺度框架下的 4 个尺度维不是独立存在的，它们之间存在着紧密的内在联系。例如，空间尺度、时间尺度和语义尺度间通常是正相关的，即较大的空间尺度常常与较大的时间和语义尺度对应。在一定的主题尺度下，只有在某些空间、时间和语义尺度上的抽象才能满足用户的需求和研究目的。通过分析可知，分布在该多维空间中的点也具备一定的几何规律性。

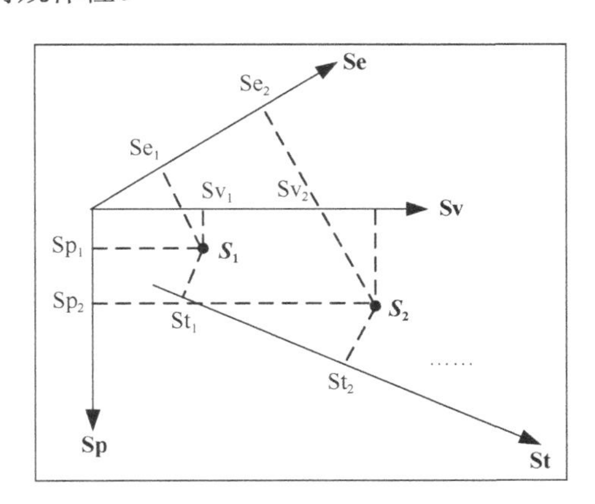

图 2-10　空间数据表达的广义尺度框架

1）该空间中所有 Sp 值相同的点构成一个穿过该点与 Sp 轴垂直的平面，该平面上点的共同特征是它们都是在同一空间尺度下对现实地理世界的抽象，对地理空间对象几何形态复杂程度及研究对象区域范围的表达相同。

2）该空间中所有 St 值相同的点构成一个穿过该点与 St 轴垂直的平面，该平面上点的共同特征是它们都是在同一时间尺度下对现实地理世界的抽象，对地理空间对象和地理现象存在周期长短的表达相同。

3）该空间中所有 Se 值相同的点构成一个穿过该点与 Se 轴垂直的平面，该平面上点的共同特征是它们都是在同一语义尺度下对现实地理世界的抽象，地理空间对象的属性分类等级相同。

4）该空间中所有 Sv 值相同的点构成一个穿过该点与 Sv 轴垂直的平面，该平面上点的共同特征是它们都是在同一主题尺度下对现实地理世界的抽象，它们对地理空间对象的需求和应用主题相同。

2.6 多尺度地理空间的认知与抽象模型

2.6.1 地理空间认知的尺度特征

地理空间认知是人们对周围地理环境中各事物或现象的存在、变化及相互之间位置关系的认知过程和能力。它受人类认知能力的制约，并与所研究的地理空间对象有关。正如认识论所认为的：人类在理解客观世界过程中，客观事物的现象不仅取决于事物本身，而且依赖于观察者所用的尺度。因此，地理空间认知与尺度间存在着紧密的联系。

尺度和空间的结合产生空间认知、人类感知和生态世界（Rykiel and Edward，1998）。很多尺度问题涉及人类的认知，即人类如何感知世界和表达关于世界的信息。尺度在认知上的自然特性使其成为各种研究的基础方面（Levin，1992）。尺度也是地理空间认知的一个重要内容，尺度的空间认知决定不同信息的定性。地理空间认知从其研究内容和过程来看，也表现出很强的尺度特征。

地理空间认知的尺度特征体现在以下几个方面。

1）作为空间认知主体的人类具有不同的文化背景和专长，认知客观世界的角度会有所不同。而且空间认知涉及地理方位的感知和地物形态的表达，不同的空间认知主体及不同的认知目的会采用不同的尺度来认知，得到的认知结果也会不同。因此空间认知不是统一的，是“因人而异”“因需而异”的，具有很强的尺度特征。

2）有些地理空间现象、过程及它们所表现的自然规律具有明显的尺度依赖性，即在一定的尺度范围内才能被观察、测量、建模和表达，超出这个尺度范围，研究结果就会产生偏差甚至完全错误。因此要正确认知地理现象、过程及其规律就要选择合适的尺度，这是保证研究结果正确的前提条件。

3）在研究地理要素的自然特性并从中提取信息的过程中，仅从某一尺度上进行分析的结果并不能完全提供我们所需的有效信息，对其自然特性的分析也存在片面性。因此，需要在不同的尺度上分析研究地理要素和现象的特征，才能获取多方位的全面的信息。这也是与人类认知及分析问题的习惯相符的。

4）对地理空间的认知是无止境的，并且与人类文明和科技发展水平息息相关。在某一历史时期对地理空间的认知在另一较近的历史时期的人类文明和科技水平下就会显得不全面，不够深入。在新的历史时期下的地理空间认知需要根据此时的科技发展水平选择对应的尺度来进行。通常来说这个尺度应该更利于观测地理空间现象的本质，以及地理过程的自然规律。由此可见，地理空间认知还具有时间尺度特性。

空间数据模型是对现实地理世界进行认知、抽象和概念模型化后得到的，是地理空间抽象的结果。其中概念模型是地理空间中实体与现象的概念集，也称为地理空间认知模型。由此可见，地理空间认知是建立空间数据模型的基础和首要环节，直接影响模型的健壮性、灵活性和尺度处理能力。因此，研究地理空间认知的尺度特征能更全面地分析空间数据多尺度特性产生的原因及其多尺度处理和表达的必要性，使地理信息的抽象过程从空间认知环节就认识并体现尺度特征，从而建立具备尺度特性的数据模型，以及空间数据的处理和表达。

2.6.2　多尺度的认知空间

根据 2.6.1 节对地理空间认知尺度特征的分析可知，对现实地理空间的认知会存在多个尺度的认知结果，这个多尺度认知结果所构成的空间称为多尺度的认知空间，如图 2-11 所示。从现实地理世界到地理信息空间的抽象过程中，地理空间认知起到了桥梁的作用，由于空间认知具有多尺度特性，地理空间认知所产生的

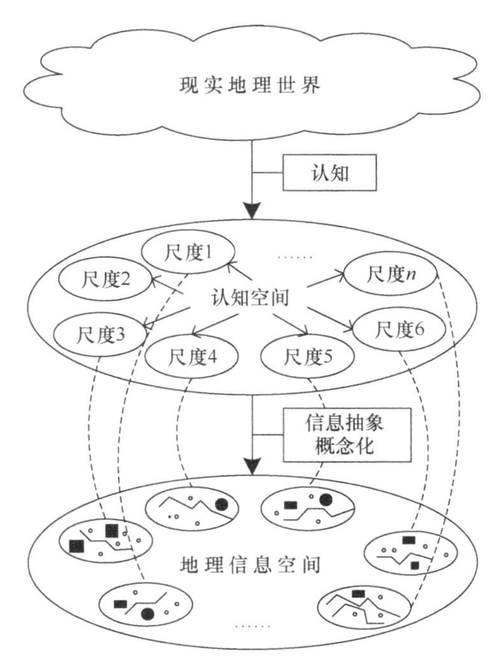

图 2-11　从现实地理世界到多尺度认知空间

认知空间也具备尺度特征。每一个认知尺度与一个认知子空间对应，多尺度认知空间就是由这些认知子空间所构成的一个认知空间集合。这些不同尺度的认知子空间不是相互独立的，它们之中有许多也存在交叉的部分。例如，人们在空间认知中所达成的一些共识，或对地理常识的共同理解等。因此，多尺度认知空间是这些不同尺度认知子空间的并集，可形式化描述为

$$\mathrm{Dp} = \bigcup Ps_i \tag{2-1}$$

式中，i=[1，…，n]，S_i 表示某一认知尺度，Ps_i 是在该尺度下对现实地理世界认知的产物，Dp 表示多尺度认知空间。

地理信息空间是由认知空间经过信息的提取抽象和概念化得到的，它将现实地理世界认知得到的概念转化为相应的 GIS 概念，使普通的信息和知识 GIS 化，转变为地理信息和地理知识，继而实现现实地理世界到计算机世界的转化。由认知空间的多尺度特征可推出地理信息空间也应该是多尺度的，每一个尺度的认知子空间都有一个地理信息子空间与之对应。

2.6.3 地理空间的多尺度抽象过程

由于现实地理世界的复杂性及人类认知的有限性，人们不可能对现实世界的信息进行无损的完整表达，而且根据认知目的和手段的不同，以及分析问题、解决问题的对象不同，人们对现实世界的表达往往着力突出其感兴趣的部分，而忽略不需要或不重要的部分。这就决定了从现实世界到地理信息世界的过渡是一个不断化简和“选择”的过程，我们称为地理空间的抽象过程。在本章的第 2 节中已经对地理空间的抽象过程进行了分析，并介绍了目前具备代表性的地理空间抽象过程模型。笔者旨在研究空间数据的多尺度特性，并建立具备多尺度表达和处理能力的空间数据模型，因此对于地理空间转化为空间数据模型的抽象过程，我们也进行了多尺度特征分析。

在目前代表性的抽象过程模型中，Open GIS 地理抽象模型旨在抽象层次的划分，命名了 9 个不同抽象层次的空间；ISO-TC211 地理抽象过程强调地理空间的概念抽象，缺少对地理概念集的后续处理过程；而王家耀提出的地理抽象三层模式以空间数据模型的建立为核心，与笔者的研究目标相符，因此，笔者在该模型的基础上进行扩展，建立地理空间的多尺度抽象过程模型，如图 2-12 所示。

图中，现实地理世界、多尺度认知空间和多尺度地理信息空间的含义与图 2-11 中的相同，对应现实地理世界抽象的 3 个层次空间，其中认知过程具有尺度特征，认知空间和地理信息空间也如图 2-11 所描述的都是多尺度空间。地理空间认知多尺度模型是认知空间的层次上抽象得到的模型，也是空间认知的产物；多尺度概念模型、多尺度逻辑模型和多尺度物理模型是地理信息空间层次上抽象的数据模型，这 3 个模型逐层深入，最终实现现实地理世界在计算机中的表达。地理空间

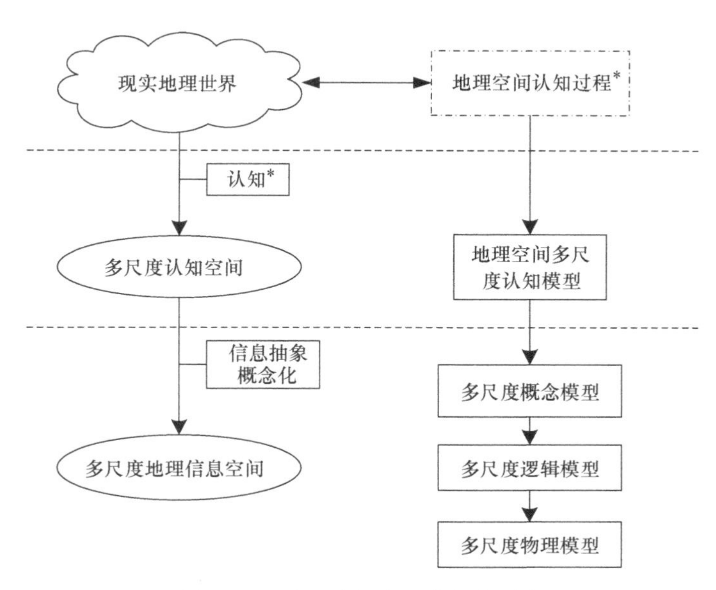

图 2-12　地理空间多尺度抽象过程
*表示地理空间的认知过程具有尺度特异性

的认知过程具有尺度特性（在图中用“*”标识），其认知结果——地理空间认知模型也是多尺度的。概念模型是在地理空间认知模型的基础上进行抽象和概念化得到的一种 GIS 表达模型，如场模型、实体-关系模型，包括 GIS 知识表达和 GIS 语义数据模型（NCGIA，2001）。它是 GIS 三层模型中最关键的一层，直接影响逻辑模型和物理模型的建立。从地理空间认知模型抽象得到的 GIS 数据模型的特征都体现在概念模型中，由于地理空间认知模型的尺度特性，抽象出的 GIS 概念模型也具有多尺度特征。

由于不同抽象尺度下地理实体、地理实体间的关系、关系类型和约束条件在不同的尺度下会发生变化，因此，欲建立多尺度空间数据模型，必须在概念设计阶段就能体现地理要素的多尺度特征。根据此多尺度抽象过程建立的 GIS 空间数据模型能满足这一要求，它从认知过程开始就具有了尺度特征，而不是在空间数据的表达环节才为其添加尺度数据。前者的数据模型从本质上就具有多尺度处理能力，而后者只具备空间数据多尺度表达的能力，不能从本质上解释数据模型多尺度特征产生的原因。

第 3 章　基于本体的多尺度空间数据模型

多尺度空间数据模型是空间数据多尺度处理和表达的基础，要使建立的空间数据模型具备多尺度处理和表达的能力，必须在空间数据模型的设计阶段就考虑其尺度特征。在网络环境下，不同数据源上的多尺度空间数据在数据组织及表达方式上都会不同，对这些多尺度空间数据进行集成，实现数据共享和互操作，是多尺度空间数据广泛使用的关键。

引入本体论的思考方法，将空间要素的多尺度抽象、定义和表达放在本体层次界定的框架下进行分级分层次的抽象、概括和提炼，可以使空间要素在不同的尺度下以统一的视图表现现实世界中的地理对象，有利于空间要素知识的共享和重用。

3.1　本体与地理本体

3.1.1　本体的概念

本体（ontology）的概念最先源于哲学领域，它在哲学中的定义为“对世界上客观存在物的系统的描述，即存在论”。许多研究者都对本体进行了研究，并提出不同的定义。在人工智能界，Neches 等（1991）最早将本体定义为“给出构成相关领域词汇的基本术语和关系，以及利用这些术语和关系构成的规定这些词汇外延的规则的定义”。Gruber（1993）提出：“本体是概念化的明确的规范说明”。Uschold 等（1996）认为“本体是对于‘概念化’的某一部分的明确的总结或表达”。William 和 Austin（1999）则认为“本体是用于描述或表达某一领域知识的一组概念或术语，它可以用来组织知识库较高层次的知识抽象，也可以用来描述特定领域的知识”。其中，最著名的且被引用最为广泛的是 Gruber 的定义，它包含 4 层含义（Fensel，2001）。

1）概念化（conceptualization）：通过抽象出客观世界中一些现象（phenomenon）的相关概念而得到的模型，其表示的含义独立于具体的环境状态。

2）明确（explicit）：所使用的概念及使用这些概念的约束都有明确的定义。

3）形式化（formal）：本体是精确的数学描述，而且是计算机可读的。

4）共享（share）：本体中体现的是共同认可的知识，反映的是相关领域中公认的概念集，它所针对的是团体而不是个体。

从 20 世纪 90 年代开始，本体成为人工智能领域的热门研究课题。近年来，本体概念在各领域的应用研究得到了较快发展，目前，本体已被广泛用于知识表达、知识工程、自然语言处理、信息检索、网络异构信息处理、软件集成和语义网等领域。本体的应用领域很广，对其定义有很多不同的方式，但从内涵上来看，对本体的认识是统一的，即都把本体作为领域内不同主体之间进行交流的一种语义基础。

在信息科学领域中，本体是描述概念及概念间关系的概念模型，通过概念之间的关系来描述概念的语义。本体的一大特点就是强调了类与类之间的关系，规定了如何定义关系、如何使用关系等一系列限制条件。将本体用于概念模型的建立，可以描述所研究领域的本质特征，有助于屏蔽研究者不同而引起的对领域概念理解的差异，实现概念模型复用。具体来说，本体也可理解为知识的描述，特别是对抽象出的共享知识，如自然规则、领域常识等，以及概念之间关系的描述。共享知识有利于统一对概念的不同理解，或建立不同理解之间的对应关系，便于相互交流。而概念之间的关系有利于理解领域内知识的结构并指导地理对象的分类。

Guarino（1998）按照本体描述对象和独立程度的不同将本体分为以下 4 类，共 3 个层次，如图 3-1 所示。

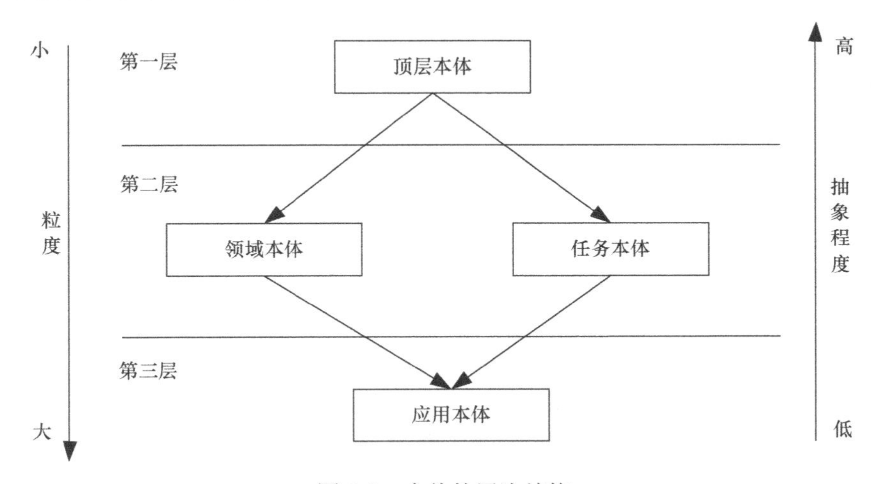

图 3-1　本体的层次结构

1）顶层本体（top-level ontology）：定义最基本的概念类、属性及角色关系，如时间、地点、物质、对象、事件、行为等，它描述某个领域中通用的大范围的术语，与特定的任务无关。

2）领域本体（domain ontology）和任务本体（task ontology）：利用对顶层概念级的细化来定义具体应用领域（如城市规划、遥感、医学等）或具体任务（如传输、交易等）的专用概念类、属性及角色关系。

3）应用本体（application ontology）：利用领域或任务概念集来进一步定义针对某一具体应用的概念集，它是领域本体与集体应用的结合，常常和角色有关。

3.1.2 地理本体

从本体的层次结构看，本体具有一个重要特性——领域化。在实际应用中，顶层本体很难表达用户的需求，需要根据某一知识领域或与具体任务相关的领域来定义更加细化的本体。本体的领域化能满足该要求，它既可以是一个比较大的范畴，描述某个具体的主题或知识领域，如生物、医学、地理信息、人工智能等大的领域；也可以指与某个任务或活动相关的领域，如土地利用信息系统、资源环境信息系统等（李景等，2003）。

本体的领域化产生与之相应的领域本体，本体在地理信息领域的应用产生了地理本体。因此，地理本体（geo-ontology）是领域本体，即本体在地理信息领域的细化。可定义为：地理本体是研究地理信息科学领域内不同层次和不同应用方向上的地理空间信息概念的详细内涵和层次关系，并给出概念的语义标识（孙敏等，2004）。地理本体的独特性体现在它是人类对地理现实世界的认知、涉及空间和时间问题（景东升，2005）。它为地理信息语义共享搭建了一个沟通桥梁。

此外，Bennett（2002）还强调，仅仅认为地理本体是有别于其他领域的一般领域本体的认识是错误的，地理概念为本体论的构建提出了一些困难的而且是根本性的问题。反过来，本体论研究还必须对地理学予以特殊的考虑，主要原因有两个：一是地理概念与地理实体有着非常复杂的关系，一般的地理概念依赖于地理实体；二是地理领域存在大量对于科学本体和哲学本体都关注的问题，如概念的模糊性及其时态特征等。因此，对地理本体的研究有极为深远的意义。

3.1.3 本体语言

在实际的应用中，需要用形式化的语言来描述地理本体。用户采用本体描述语言能够为领域模型编写清晰、形式化的概念描述。本体的表达语言（ontology representation language）有十几种之多，可分为传统的本体表达语言和用于网络环境下的本体标记语言两大类。传统的表达语言是出现在 XML 标准以前的，以 Ontolingua、Loom、KIF、OCML 和 FLogic 为代表。而网络环境下的本体表达语言是基于 XML 标准开发的语言，主要有 RDF、RDFS、DAML+OIL、OWL 和 GML 等。

地理本体表达语言的最基本要求是（梅琨，2008）：①能够表达地理概念；②能够表达每一个地理概念的数据属性；③能够表达概念间的关系；④能够概化和泛化概念体系；⑤具有对概念数据属性限制的表达；⑥具有对地理空间关系限制的表达；⑦具有对属于不同概念的个体完整性规则的表达；⑧具有高级组合体系的表达等。针对这些要求和为了地理信息的共享与互操作，我们要选出地理本体的最佳表达语言。

3.1.3.1　XML

可扩展标记语言（extensible markup language，XML）是 W3C 于 1998 年 2 月发布的一种标准，它是一种标记语言。它同超文本标记语言（HTML）一样都是来自于标准通用标记语言（SGML），允许用户定义自己的标识。XML 文法主要由 XML 规范、XML Schema 和 DTD 构成，它们分别对 XML 文件的逻辑结构，XML 文件中的元素、元素的属性，以及元素与元素属性直接的关系进行了定义。

XML 具有如下优点：①它是纯文本形式，有很好的兼容性和跨平台性，适合在分布、异构的系统中使用；②它将文档的三要素——内容、结构、表示方式分离出来，使用专门的样式表单；③XML 支持多种数据类型，针对特定的应用，人们可以创建特定的数据类型，利用 XML 的可扩展性，可以使用不同的方式对数据类型定义和解析，也可以是使用基本数据类型组成复杂类型和复合对象；④XML 有基于 Schema 自描述语义的功能，可以描述数据的语义及它们的关系。

3.1.3.2　GML

地理标记语言（geography markup language，简称 GML）（Open GIS，2007）是用于 Web GIS 的 XML 语言，是 XML 在空间表达领域的扩展，主要被用于地理目标建模，空间要素的表达、存储和交换。GML 提供了多种对象类型来描述空间要素、要素类型、坐标参考系、几何、拓扑、时态、单位等信息。GML 继承了 XML 文档是纯文本，结构清晰，能清楚分离空间要素属性和几何图形等优点。它由 3 个基本 XML Schema 构成，其中 feature.xsd 定义了抽象地理特征模型，geometry.xsd 定义了具体的几何形状信息，xlink.xsd 定义了各种功能链接。

GML 的对象是可以扩展的，基于基本的对象类型，还可以定义新的用户类型，如在土地类 GIS 系统中，有地块、房屋、道路等多种对象，林业系统中有小班、林班、林区等特殊对象。所有要素中关于空间部分的描述必须满足 GML 规范，其 DTD 或 Schema 的定义可以分为两部分，一部分是私有属性，描述要素本身的属性；另一部分是表达空间对象之间的关系，如层次关系，类似于面向对象中的继承（泛化）；或拓扑关系，空间对象相邻、相交、覆盖等；聚类关系、正聚类、反聚类等。

3.1.3.3　RDF / RDFS

资源描述框架 RDF（resource description framework）作为 W3C 标准的资源描述框架，为基于元数据的语义表示提供了基础。它具有简单、易扩展、开放性、易交换和易综合等特点。RDF 的基本设计思想是用统一资源定位符（URI）来标识事物，用属性及属性值来描述资源，这使得 RDF 可以将一个或者多个资源的简单陈述表示为一个节点和弧组成的图，其中的节点、弧代表资源、属性和属性值，将实体间的关系看作不同层次的 XML 节点。RDF 以 XML 语法为基础，通过支持语义、语法和结构的公共规范相关机制的设计，有助于资源的互操作。在语义的可互操作性上，RDF 比 XML 有显著的优势，因为任何一种数据模型能很自然地用属性-值关系来表示。但是，RDF 本身没有提供声明这些属性的机制，同时也没有定义属性与资源间的联系机制。这些由 RDF Schema 完成。

资源描述框架模式RDFS(RDF Schema)对RDF进行了扩展,加入了vocabulary、structure 和 constraint，是 RDF 的类型模型。它提取出抽象世界中的主要关系，由此建立类型系统，从而支持了从客观世界到抽象世界的映射。RDFS 提供了一些建模原语，主要用来定义类及其属性、类与类之间的关系的简单模型，这个模型就相当于为描述网络资源的 RDF 语句提供了一个词汇表。

3.1.3.4 OIL 与 DAML

本体推论层（ontology inference lay，简称 OIL）是欧洲 On-To-Knowledge 项目于 1999 年开始创建的一种网络本体语言，它以 XML 为语法，以描述逻辑为理论和推理基础，用丰富的语义对 W3C 的 RDF（S）做了扩展。根据表示和推理能力的不同，OIL 由内到外又分为 CoerOIL、StandardOIL、InstanceOIL、HeavyOIL 等 4 个子语言。

代理标记语言（DARPA agent markup language，简称 DAML）是美国国防高级研究计划局（DARPA）于 2000 年 8 月开始的为 Agnet 之间提供基于语义上的互操作能力而开发的一种语言，它也以 XML 为语法，以描述逻辑为理论基础，并建立在已有标准 RDF（S）之上。它一度很流行，成为网上很多本体的描述语言，直到2000年12月，美国DAML和欧洲OIL两个组织成立联合委员会将DAML和 OIL 合并成一种语言，命名为 DAML+OLI，并提交给 W3C 讨论。

DAML+OLI 提供了很多词汇使其具有很强的表达力，并能提供足够的约束条件使得其描述客观领域知识的能力超过了传统的 ALC。一个 DAML+OIL 本体通常是由 0 到多个描述版本信息和引用元素的文件头，以及 0 到多个类元素、属性元素和实例组成的。

3.1.3.5 OWL 与 OWL-S

网络本体语言（ontology web language，简称 OWL）是 W3C 推荐的语义互联网中本体描述语言的标准。它是从 DAML+OIL 发展起来的，在 W3C 提出的各种本体语言中，OWL 处于最上层。OWL 也是建立在 RDF/XML 的语法基础上，通过添加大量的语义原语来描述和构建各种本体。OWL 是一种能够对网络文档中的术语含义进行形式化描述的本体语言，超越了 RDF（S）的基本语义。其最终目的是提供一种可以用于各种应用的语言，这些应用需要理解内容，而不只是采用人们易读的形式来表达内容。OWL 是基于 SHIQ 的，因此保证了其语义表达能力和描述逻辑的可判定推理等。针对特定的实现者和用户团体的不同需求，OWL 有如下 3 个子语言。

1）OWL-Lite。语法最简单的子集，当本体中的结构层次很简单，并且只有简单约束时适合用它来描述，从辞典和分类系统转换到 OWL-Lite 更为迅速。

2）OWL-DL。语法相对比较丰富，用来支持那些需要较强表达能力，同时保持计算完备性和可判定性的应用。OWL-DL 包含了 OWL 所有的语言部分，但是有严格的语言约束。

3）OWL-FULL。语言最丰富，表达能力最强，并且约束最小。因此推理功能较弱，适合于需要非常强的表达能力，而不太关心计算完备性和判定性的场合下使用。

这 3 种子语言的关系是：OWL-FULL 可以看作 RDF 的扩展，而 OWL-Lite 和 OWL-DL 可以看作受限的 RDF 版本。可以说，所有的 OWL 文档都是 RDF 文档，所有的 RDF 文档都是 OWL-FULL 文档，但只有部分 RDF 文档是合法的 OWL-Lite 和 OWL-DL 文档。

OWL-S 是 W3C 为网络服务定义的语义标记，用于尽可能以高度自动化的方式实现服务发现、调用、组合及监控网络资源。OWL-S 是以 OWL 为基础，它主要由 3 个部分组成：①服务轮廓（service profile）用于公布和发现服务；②处理模型（process model）用于描述服务操作的细节；③映射（grounding）用于提供与服务互操作的技术细节，通常是以消息的形式。

3.1.3.6　本体表示语言的比较

根据以上对各种本体表示语言的分析可知，OWL 可被用来明确表示词汇表中术语的含义及术语间的关系。在表达含义与语义方面，OWL 比 XML、RDF（S）等语言有更多的表达手段，因此在 Web 上表达机器可理解内容的能力也比这些语言强。与 OWL 相比，用 GML 表示地理对象的优势在于——可以用丰富的内置地理词汇和预先定义好的地理空间数据模型表示地理要素。而 OWL 是面向各个领域的本体语言，没有专门为表示地理要素预先定义的结构，需要用户用自定义类来重新定义。但是，由于 OWL 和 GML 都是基于 XML 的，因此用 OWL 复制 GML 的空间数据模型是有可能实现的。它与其他本体表示语言间关系如图 3-2 所示。

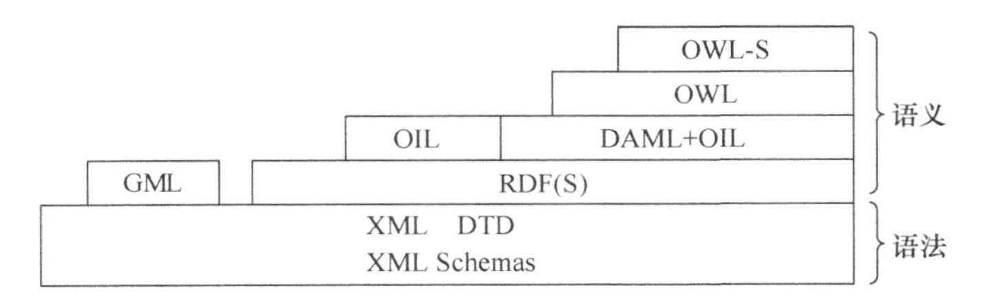

图 3-2　本体表达语言的层次关系

3.2 本体与尺度

从知识表达的角度来看，本体在知识共享和重用技术上起着重要的作用。因此对尺度概念进行本体分析有利于在地理信息领域中建立对尺度认知的统一理解和表达，从而使得地理对象在不同尺度下的抽象、表达能够为用户提供一个统一的视图，也有助于多尺度空间数据模型的建立。

3.2.1 尺度特征

尺度是认知地理对象、地理空间和地理现象的基础（Montello，1993；UCGIS，1996），Goodchild 认为尺度是地理信息科学中最重要的问题（Goodchild and Quattrochi，1997），甚至提出“尺度科学”的概念。

尺度具有普泛性，是人们分析解决问题的必要方法。在地理信息科学研究中，它是空间数据分析和处理的基础。因此在分析地理空间、地理实体和现象、空间数据的特征和功能属性之前，首先要对其本质的尺度特征进行认识，使对地理信息的研究具有尺度特征，从而将尺度特征体现在从现实世界到地理信息世界的抽象过程中，以解决丰富多样的地理信息与单一的空间数据模型之间的矛盾。

尺度具有模糊性和多义性特征，即在不同的研究领域和应用背景下对尺度的定义有所不同，或表达的侧重点不同。在地理信息领域中，尺度是难以理解、易混淆和过载的概念之一。分析有关尺度的不同概念（术语）间的关系有利于统一在该领域内对尺度研究目的和内容的认识。

尺度具有相对性。在一个环境下被认为合适的尺度在另一个环境中却得不到预想的结果。因此尺度不是统一的，也并非对所有研究都通用，尺度与研究背景、目的及研究内容密切相关，而且与研究者的文化背景，个人喜好有关。在地理信息科学研究中，根据不同的应用背景和目的采用合适的尺度来研究分析，正是尺度相对性的体现。

尺度在形式上具有等级性，或层次性特征。在地理空间尺度问题的研究中，尺度常与地理范围相关联。例如，人文地理学研究通常分为 3 种尺度——全球、国家和城市；地理学和景观生态学对地理空间在大、中、基本 3 种尺度上进行的研究；鲁学军等（2000）提出的区域地理系统的等级组织体系，等级组织是一个尺度概念，它包含着空间和时间上的尺度效应。在不同尺度上的研究存在着层次对应关系，不同层次上的地理构造单元之间存在包含与被包含关系。

3.2.2 尺度的本体认知

尺度是地理信息科学研究中最基本，也是处处都要碰到的问题。在地理本体的研究中，尺度也起着重要作用。地理本体论研究主要从哲学角度研究地理本体的构成方法，在不同尺度和粒度层次上建立构成地理空间领域的地理概念、过程和关系的所有类型，并形成等级体系。尺度本体是地理本体论的重要体现。

由于本体提供对领域知识的共同理解，确定该领域内共同认可的词汇，并从不同层次的形式化模式上明确定义这些词汇间的关系，因此可以通过本体这种明确的、计算机能够理解的语言来描述地理信息领域的尺度问题，从而在该领域内提供对尺度概念认知的一致性术语结构和描述框架，并达成共同语义，提供可重用知识。从 3.2.1 节对尺度特征的分析来看，地理信息的尺度问题适合于用本体来分析和表达。下面将讨论几个尺度研究的本体论问题。

（1）地理信息科学中尺度问题的研究对象和本质

地理信息科学领域中，尺度问题的研究对象是存在于地理空间中的地理对象和地理过程。研究目的是分析地理对象和地理过程所表现出的尺度特征和尺度过程，发现尺度变换的规律。因此，尺度问题是地理信息科学中最基础的问题，也是贯穿于地理信息处理整个过程的根本问题。在地理信息系统中，地理空间中的地理对象和过程被抽象成能在计算机中表达的地理要素，尺度问题研究的重点是空间数据的多尺度表达和处理。地理要素具有空间、属性和时态特征，因此分析这些特征在不同尺度上的表达和变化规律，有助于分析空间数据的尺度变化特征，从而对其进行多尺度表达。

（2）地理要素的尺度与空间、时间、属性等特征的关系

在现实地理世界中的地理现象和过程具有尺度特征，抽象得到的地理要素也具有尺度特征。对于尺度与地理要素本身具有的空间、时间和属性特征之间的关系，许多学者都将尺度作为与空间、时间和属性一样的空间数据基本维来处理，将公认的 GIS 三要素扩展为包含尺度在内的四要素。笔者认为，空间和属性特征是地理要素最基本的特征，时间特征在时空地理信息研究方面也是重要特征之一，空间和属性特征相对于时间来说，常常呈现相互独立的变化。尺度特征与这 3 个特征有很强的相关关系，尺度是人类认知的基本工具，在对地理要素的空间、时间和属性特征进行认知时也具有尺度特征，即空间、时间和属性都是显式特征，而尺度是隐式特征，它用来表达地理要素显式特征的尺度内涵。根据第 2 章中对广义尺度的分析，与地理要素的特征对应，可得到空间尺度、时间尺度、语义尺度和主题尺度。

（3）地理要素随尺度变化的规律

无论从几何形态的复杂度，还是语义粒度等方面进行分析，在从小尺度到大尺度的转换过程中，地理空间的整体特性增强而异质性降低，因为很多细节都被忽略，空间对象逐步抽象和简化，信息精度也逐步降低。空间对象的拓扑及任意空间对象之间的拓扑关系随着尺度的放大，必须保持相同或持续降低其复杂性和细节。各尺度上空间对象之间的关系可用树状结构来表示，如图 3-3 所示。从图

中可看出，在自下而上的各个尺度层次中，要素逐步抽象。较大尺度上的某一空间对象可能是由较小尺度上的几个空间对象抽象而来；一个空间对象在较大尺度上会简化成为新的对象甚至消失。

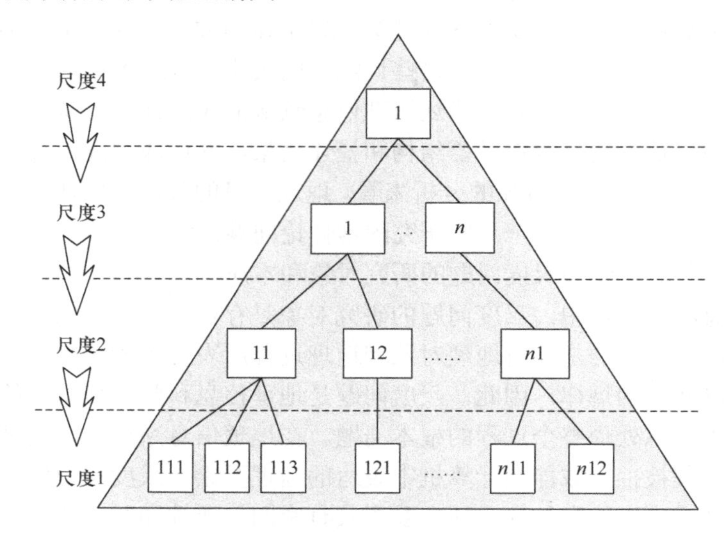

图 3-3 不同尺度上空间对象间的抽象关系

对上述问题的回答也正是多尺度地理本体所要研究的主要内容。

3.2.3 多尺度地理空间信息本体认知

对多尺度地理空间信息进行分析和建模，首先要明确多尺度地理空间信息的产生及其特征。多尺度地理空间信息是人类认知地理空间的产物，是在不同尺度上对现实地理世界的表达。如书中第 2 章中的分析，地理空间认知的多尺度特性体现在以下几个方面。

1）地理现象和过程本身是有尺度特征的。

2）人类的认知也是基于尺度的，尺度特征体现在地理认知过程的每一阶段。

3）经过地理空间抽象得到的地理空间信息也应该具有尺度特征。

4）根据不同的应用，需要对地理空间信息进行多尺度表达。

由此可见，多尺度地理空间信息是符合人类地理空间认知自然规律的，对多尺度地理空间信息进行建模的方法也要符合人类多尺度地理空间认知的规律，才能使建立的多尺度空间数据模型在设计阶段就具有多尺度处理的能力。

Mark 等认为，地理信息科学中的本体论研究是高度跨学科的交叉研究，与地理信息的认知、表达、互操作、尺度和不确定性密切相关，其最重要的一点是研究地理空间信息的语义理论，或者更一般地说，就是研究人类思维、信息系统与地理现实世界之间的关系，使得计算机与人之间对空间信息的相互理解更加透彻，从而也促进人与人之间更快捷的信息交流。构建地理本体论，用本体方法来进行多尺度空间数据建模，其现实的重要性在于（Smith and Mark，1998）：①有助于不同群体间地理信息的相互理解和交流；②有助于理解在地理现象认知过程中所产生的对某类特性的歪曲；③地理信息系统需要表达地理实体，而对相应实体类型的本体研究，特别是基础层次的研究，将有助于实体的表达；④本体研究对地理知识交流的发展具有重要的推动作用。

因此，采用本体分析的方法对多尺度空间数据进行建模，并重点分析地理空间要素之间的空间关系、时间关系、语义关系及其多尺度特征。

3.3　空间关系的本体分析

空间关系是地理信息系统、计算机视觉、空间数据库和空间推理的重要理论问题之一，在空间数据建模、空间查询、空间分析和空间推理等过程中起着重要作用。空间关系是指地理空间对象间存在的与空间特征相关的性质。它表示了空间实体之间的联系，通过这些联系，地理空间信息被有机地组织在一起，从而实现地理空间信息的查询。空间关系是空间对象之间的关系，因此与空间对象的形态、大小及其空间维数有关。

空间对象间的关系复杂多样，而且有时依赖于相关的研究和应用领域，根据应用的需要和研究侧重点可以进行不同的分类。

3.3.1　空间关系分类

空间关系是 GIS 的重要理论问题之一，在 GIS 空间数据建模、空间查询、空间分析、空间推理、制图综合、地图理解等过程中起重要的作用（陈军，1999）。在研究初期，人们一般认为 GIS 空间关系主要分为拓扑关系、顺序关系（其中包括方向关系）和度量关系（Egenhofer and Herring，1990）。随着对 GIS 空间关系研究不断深入，人们发现空间实体之间还存在着其他多种空间关系，如相邻关系、相离关系、模糊反映空间实体邻近的靠近关系，以及反映空间目标运动状态的穿越与进入关系等（Egenhofer and Herring，1990）。此外，国内学者在空间关系研究方面也有建树，如胡勇等定义并研究了最邻近和次邻近关系；赵仁亮等指出空间存在 k 阶空间邻近关系；艾廷华研究了空间实体之间的不确定性空间关系等；史文忠等将目标之间的关系从确定引入不确定的描述；舒红等（1997）在总结现有时空拓扑关系研究成果的基础上，研究了基于点集理论的形式化拓扑描述方法。

在这些空间关系中，根据空间关系的重要性与分析、应用的需要，王家耀认为主要包括拓扑关系、方位关系和度量关系等 3 种基本类型（王家耀，2001）。

3.3.1.1 拓扑关系

拓扑关系是指空间目标关系在旋转、平移与比例变换下的拓扑不变量，如空间目标间的相离、相交和包含等关系。拓扑关系与空间对象的形态和性质有关，不同空间对象间存在多种拓扑关系类型。而且拓扑关系根据划分精度的不同得到的拓扑关系类型的数量也会不同。在地理关系本体中，拓扑关系通常概括为相离、相接、相交、重叠、穿越、内部、包含和相等 8 种类型。Egenhofer 和 Mark（1995b）总结出 19 种空间拓扑关系类型和 59 个反映拓扑空间关系的词汇。

3.3.1.2 方位关系

方位关系描述目标在空间中整体和局部的某种顺序关系，根据人类的认知规律，表示方位的基本关系有：前后、上下、左右，或东、南、西、北等。方位关系以矢量地理空间为基础，在旋转变换下会发生变化，而在平移与比例变化下具有不变性。方位关系具有相对性，即方位是目标对象相对于参照物（对象）的空间位置。因此以不同的空间对象作为参照物和采用不同的方位划分方式，会得到不同的方位。目前，空间方向关系的理论研究相对于空间拓扑关系和度量关系的研究严重滞后。

3.3.1.3 度量关系

度量关系是指用某种度量空间中的度量来描述空间目标间的关系，如目标间的距离、周长、面积比较等。它表达了地理空间属性，在比例变换下会发生变化，而在平移与旋转变换下具有不变性。目标间距离关系可以分为绝对距离和相对距离。绝对距离关系直接表示两个空间对象之间的距离；相对距离关系是通过与第三者的比较，间接地表示两个对象间的距离。距离关系可以是定性表示，也可以是定量表示，例如，“A 地块离 B 地块很近”是定性表示，“A 地距离 B 地 5 公里”是定量表示。

单纯对度量关系进行推理有很多困难，而且也不具备完整的地理语义。例如，A 点距离 B 点“很远”，C 点距离 B 点“很远”，那么 A 点和 C 点的距离是“远”还是近，依据单纯的距离信息很难做出准确判断，必须结合这些点之间的位置关系来进行比较。所以，把度量和方向关系结合起来研究才具有价值。

空间关系表达了空间数据间的一种内在约束，其中度量关系对空间数据的约束最强，它属于定量关系，方位关系的空间数据约束较弱，拓扑关系最弱，它们属于定性关系，对空间数据的约束体现了不同空间关系之间的层次关系。但定性和定量关系不是绝对的，它们之间在一定的环境下可以相互转化。

从上面的分析可以看出，各种空间关系之间并不是相互独立的，它们从不同角度刻画了空间对象间的关系，这些空间关系之间的联系十分紧密，在很多应用中都要综合考虑多种空间关系，如拓扑关系与度量关系的组合（Giritli，2003），方位关系与度量关系的组合等（Clementini et al.，1997）。

3.3.2　空间关系特征

空间关系受空间对象、空间数据组织及人类空间认知的影响，具有尺度、地理语义、层次、时态和不确定性等特征。

1. 空间关系的尺度特征

同一空间对象在不同的尺度下可能会有不同的表现形式，例如，在小尺度下彼此邻近的几栋房子表现为多个分离的多边形，而在较大尺度下它们可能会被聚类，表现为一个大的多边形。因此对两个或几个空间对象的空间关系进行分析时，在不同的尺度下，分析的对象和得到的结果可能不同。在较小尺度下研究的多边形之间的空间关系，在较大尺度下可能转化为多边形和线、点和点之间的空间关系。空间对象的尺度特征还可能影响它们之间空间关系的类型和数量。如在小尺度下两个多边形之间的关系有 8 种，在较大尺度下转换为两个点之间的关系，存在的空间关系就只有分离和相等两种了；在小尺度下两个多边形的相邻关系在较大尺度下变成两个点的分离关系。这种由于空间对象的尺度特征引起的空间关系的类型和数量的差异，称为空间关系的尺度特征。

2. 空间关系的地理语义特征

在空间关系研究中，地理对象常被抽象为不具有语义的几何图形，如点、线、面等。然而，地理空间中的所有地物都具有特定的地理语义。在实际应用中，对地理对象空间关系的分析要结合其特定的地理语义才具有应用价值。例如，两条线状地物相交，可以是河流的相交，也可以是道路的相交。河流与河流的相交意味着支流汇入主河流，而且这个汇入是有方向性的；道路与道路的相交根据道路类型的不同会出现路口、立交桥或环岛等不同节点。此外，空间关系的表达要与人类空间认知的习惯一致。由于空间对象的地理语义导致地理对象认知角度的不对称形，即要求相对于目标地物，作为参照物的地物必须便于识别、稳定且相对较大。例如，对于“房子前面有辆汽车”和“汽车后面有栋房子”，前者更符合人类的地理空间认知习惯。但在地理抽象过程中，房子和汽车分别被表现为多边形和点，难以体现它们在空间关系表达中所扮演的不同角色。这就需要 GIS 中的空间关系概念与人类的认知概念相一致。这些地理语义信息表达了地理对象的本体，因此，将本体引入空间关系的研究是必要的，也是有现实意义的。

3. 空间关系的层次特征

空间关系的层次特征表现在两个方面：①由空间对象的层次性引起的空间关

系层次性；②由空间关系划分尺度不同而引起的空间关系层次性。

空间对象的层次性表现在较高层次中的对象可能是由较低层次中若干对象组成的复合对象。处在最低层次上，不能再被分类的对象称为原子对象，而由原子对象聚类形成的对象称为复合对象。层次对象之间的空间关系包括：原子对象与原子对象间的空间关系、原子对象与复合对象间的空间关系，以及复合对象与复合对象之间的空间关系。第一种空间关系是同层次内对象间的空间关系，不具备层次性，而后两种空间关系是具有层次性的。在实际应用中，由于地理现象变化复杂及地理信息表现的多样化，仅研究原子对象间的空间关系不足以完全认识它们之间的关系，还可能需要对层次间空间关系进行分析。因此，应根据分析对象和应用目的的不同采用不同的尺度来表达空间关系，以更简洁更准确地表达空间对象之间的关系。

4. 空间关系的时态特征

在现实地理世界中很多地理对象的位置和范围都随时间而发生变化，具有动态变化特征，如火灾区域的蔓延、土壤侵蚀等。由于空间对象的时空变化，它们之间的空间关系也是随时间而变化的。例如，在土地利用分析中，两个地块之间的拓扑关系在一个时间序列上分别对应相离、相邻、相交、覆盖、包含等空间关系。这个变化序列反映了空间对象在时空关系上的发展和变化。因此有必要将地理对象的时态特征引入空间关系的分析中，以探讨空间关系的动态演化。例如，土地利用调查中发生变更的地物之间的父子关系分析。

5. 空间关系的不确定性

空间关系的不确定性源于空间对象和空间关系的复杂性，是现实地理世界中地理现象及其所处环境复杂性在 GIS 中的具体表现。正如 Goodchild（2001）所指出的，不确定性是地理信息的固有特征。空间关系表达的不确定性表现在以下两个方面：①一个空间关系中的空间对象可能是不确定的。这种不确定性可能是由于概念的模糊性引起的，也可能是由数据测量的精度导致的。空间对象（特别是面状地物）的不确定性通常表现为边界不明确。②一些定性空间关系具有模糊性，例如，方位关系中的“东、南、西、北”和定性度量关系中的“远、近”概念都比较模糊，没有一个确定的边界线（点）来区分它们。

3.3.3 空间关系的形式化表达

空间关系描述的基本任务是以数学或逻辑的方法区分不同的空间关系，给出其形式化描述，为空间查询语言的构造和空间分析提供形式化工具。不同类型的空间关系可以采用不同的表达方法，但表达出的空间关系必须与空间认知的结果接近，还必须考虑空间关系的形式化和可推理等特征。

空间关系的主要表达方法有点集拓扑法（比较有代表性的是 Egenhofer 等用的 4-交集和 9-交集模型）、RCC 理论（区域连接法）、Voronoi 图法、外接矩形法和 2D-string 法等，在不同类型的空间关系描述中将对这些表达方法进行介绍。

3.3.3.1　拓扑关系描述

目前，对空间拓扑关系的描述主要通过两种方法：一是基于集合理论的数学形式拓扑关系表达，二是基于逻辑推理的公理化方法（Cohn and Hazarik，2001）。基于集合运算的拓扑关系表达根据点集的相关概念，运用集合运算符号对相等（equal）、不相等（unequal）、包含（inside）、相离（outside）、相交（intersect）、覆盖（overlap）和相邻（neighbor）等拓扑关系进行了定义。虽然该描述方法从数学上给出了拓扑关系的明确定义，并且这些拓扑关系在现实世界中有实际意义。但是，该描述方法存在一个重要的缺点：描述的拓扑关系不具备唯一性和完备性。因此，常用的方法是点集拓扑法和 Voronoi 图法。

1. 点集拓扑法

GIS 领域中广泛使用的拓扑关系表达方法是 Egenhofer 等根据点集拓扑中关于集合边界、外部和内部等有关理论，提出的 4-交集和 9-交集模型（Egenhofer and Franzosa，1991；Egenhofer and John，1991）。点集拓扑法把空间对象 O_i 所在的平面分为内部 O_i^{o}、边界 ∂O_i 和外部 O_i^{-} 3 个子集。

根据 4-交集模型可以得到空间对象 O_1 和 O_2 之间的 $2^4=16$ 种可能的拓扑关系。根据空间对象的拓扑语义，排除一些现实世界中不存在的组合后，可以得到 8 种面-面拓扑关系、13 种线-面拓扑关系、16 种线-线拓扑关系、3 种点-面拓扑关系、3 种点-线拓扑关系和 2 种点-点拓扑关系（Egenhofer and John，1991）。

4-交集模型具有简洁和完备的特点，但对于空间目标之间的相离关系的表达不具有唯一性。因此，Egenhofer 等在 4-交集模型的基础上进行改进，提出了 9-交集模型。根据 9-交集模型可以得到空间对象 O_1 和 O_2 之间的 $2^9=512$ 种可能的拓扑关系。根据空间对象的拓扑语义，排除一些现实世界中不存在的组合后，可以得到 8 种面-面拓扑关系、19 种线-面拓扑关系、33 种线-线拓扑关系、3 种点-面拓扑关系、3 种点-线拓扑关系和 2 种点-点拓扑关系（Egenhofer and John，1991）。

可以看出，较 4-交集模型而言，9-交集模型对线-面、线-线之间的拓扑关系表达得更为细致，具有较强的拓扑关系分辨能力。作为一种形式化描述方法，虽然 4-交集和 9-交集模型比以前的描述方法有了很大的进步，但还存在许多不足之处（杜清运，2001；李霖，1997）。

（1）维度和分离数扩展交集模型

4-交集和 9-交集模型除了交不变量之外，还有维数（dimension）和分离数（number of separations）两个不变量。因此，Egenhofer（1993）等将拓扑关系中的非空交集用它们的维数和分离数来进一步区分，得到维数扩展模型和分离数扩展模型。把维数引入 9-交集模型可以区分两个空间对象边界相交的不同情形，得到 0D-meet、1D-meet、0D-cover、1D-Cover、0D-overlap、1D-overlap 等拓扑关系。非空交集的分离数用 Euller 示性数来度量，分离数总是≥0。把分离数引入 9-交集模型中，可以对相接、包含、被包含、覆盖和被覆盖等 5 种拓扑关系进行进一步区分，而对其他 3 种拓扑关系相等、相离和交叠没有作用。

（2）边界交集成分描述模型

要对两个空间对象之间边界相交的情况进行细化，可以使用边界交集成分描述模型。若两个对象的边界相交的部分不是单一的，则将这些相交的部分称为边界交集成分（boundary-boundary intersection component）。沿边界按照顺时针或逆时针方向依次记录这些成分的类型、维数及是否有界等性质，形成一个数字序列。通过这个数字序列可以对两个空间对象间拓扑关系进行详细描述。

（3）包含空洞及组合区域的拓扑关系描述

在 9-交集模型中，空间对象的外部太大，无法区分岛屿和对象外的情况，而且面状空间对象还包括有空洞区域及组合区域的复杂情况，Egenhofer 等（1994b）和 Clementini 等（1995）分别对这些复杂空间对象间拓扑关系进行了描述。

（4）结合度量的描述模型

在 9-交集模型中，线-面空间对象和线-线空间对象间可能的拓扑关系类型很多，区分起来也很复杂。为了区分自然语言表达的线-面拓扑关系与 9-交集模型表达的线-面拓扑关系，Shariff 等结合度量的描述方法，给出 15 种度量对这些拓扑关系进行了精练，包括：内部接近度（inner closeness）、外部接近度（outer closeness）、内部边界围绕度（inner approximate perimeter alongness）、外部边界围绕度（outer approximate perimeter alongness）等，对线-面拓扑关系进行了详细描述。

2. 基于 Voronoi 图的拓扑关系表达

空间对象拓扑关系表达方法中另外一个比较有影响的方法是 Voronoi 图法。Voronoi 图按离对象最近为原则，将连续空间剖分为若干个 Voronoi 区域，每个 Voronoi 区域只包含一个对象，即空间对象与 Voronoi 区域是一一对应的。由于 9-交集模型将对象的补集作为外部区域，导致内部、边界和外部之间的线形依赖关系，而且空间对象的外部一般都是一个无界区域，不利于描述空间的邻近关系。因此，Chen 等（2001）提出了用空间对象的 Voronoi 多边形来代替其外部的描述方法，即基于 Voronoi 图的 9-交集模型，简称 V9I 模型。

扩展后的 V9I 模型可以区分 13 种面-面拓扑关系、13 种线-面拓扑关系、8 种线-线拓扑关系、5 种点-面拓扑关系、4 种点-线拓扑关系和 3 种点-点拓扑关系。此外，还可以把相离拓扑关系进一步区分为相离和相邻；把 9-交集模型无法区分的含有空洞区域的包含、包含于和相离关系区分开。V9I 模型不仅可以方便地表达空间对象的邻近关系，而且可以描述复杂对象间的拓扑关系，从而提高空间关系的分辨率。Voronoi 图的局域动态特性有利于生成局部 Voronoi 图，从而不必在数据库中显示存储空间关系，而是在使用时动态构建，但动态创建和维护 Voronoi 图需要花费一定的时空资源。

3. 基于 RCC 理论的拓扑关系表达

RCC（region connection calculus）理论是 Randell 等（1992）为了进行空间推理而提出的一种用于描述空间关系的逻辑演算模型，该模型是以 Clark 提出的基于连接的个体演算为基础发展起来的。在 RCC 模型中，讨论的基元是经过扩展的空间区域，而不是点集拓扑中的点。Cohn 等（1997）认为区域定义了一种自然的方法来表达与定性表现有关的不确定性，而且任何物理实体所占的空间都是一个区域而不是一个点，因此空间关系表达法采用区域连接法而不是点集拓扑来描述。

区域间的基本关系为一个二元关系 $C(x, y)$，表示“x 与 y 相连接”。$C(x, y)$ 成立的充要条件是区域 x 与 y 至少有一个公共点。使用关系 $C(x, y)$ 可以定义 8 个基本拓扑关系：不连接（DC）、外部连接（EC）、部分交叠（PO）、正切真部分（TPP）、非正切真部分（NTPP）、相等（EQ）、反正切真部分（TPP^{-1}）和反非正切真部分（$NTPP^{-1}$）。显然，RCC 表达的 8 种拓扑关系（RCC-8 关系集）与 9-交集模型表达的区域之间的 8 种拓扑关系是对应的。如果不考虑区域边界，还可以将这 8 种拓扑关系进一步综合为更粗粒度的 5 种拓扑关系，即 RCC-5 关系集。其中，DC 和 EC 综合为 DR 关系，TPP 和 NTPP 综合为 PP 关系，TPP^{-1} 和 $NTPP^{-1}$ 综合为 PP^{-1} 关系。

RCC 表达法不对区域的维度进行区分，不利于从细节上对拓扑关系进行数量度量，因而无法对自然语言空间关系进行建模，如“河流穿过城市”等，其语义表达能力有限，而且也不利于拓扑关系的不确定性处理。在空间拓扑关系描述方面，点集拓扑法优于 RCC 表达法，但在空间关系推理方面，点集拓扑法不如 RCC 表达法。

4. 2D-string 表达法

二维字符串（2D-string）模型是 Chang 等（1987）提出的基于符号投影的一种表达模型，常用来表达拓扑关系和方向关系。其基本思想是采用符号投影的方法，将不同二维空间对象的边界沿 X 轴和 Y 轴作正射投影，分别生成有顺序关系的字符串，借以表达和判断对象间的空间关系，在图像检索和空间推理中得到广泛应用。

2D-string 把对象在 X 轴和 Y 轴上的投影坐标按照“＝”“<”“：”等 3 个算子连接起来，形成一个二维字符串。其中“<”表示上下或者左右关系，“＝”表示相同空间位置，“：”表示位于同一个集合。如果仅将 X 轴上投影的坐标连接，则

称为 1D-string；若将 *X* 轴和 *Y* 轴的投影坐标都连接，则为 2D-string。

2D-string 方法与基于 RCC 的方法一样，适用于定性关系表达，不能对数量信息进行度量，不利于自然语言空间关系和不确定性关系的描述。

3.3.3.2 方位关系描述

目前，空间对象间方向关系描述主要分以点为基元和以区域为基元的两大类方法。点对象模型用抽象点来近似表示空间对象，以点为基元对方向关系建模，对于小比例尺空间适用。具有代表性的模型有：锥形模型、投影模型、双十字模型和三角模型等。基于区域的模型考虑了空间对象的形状及大小对方向关系的影响，以与空间对象对应的区域为基元对方向关系建模。具有代表性的模型有：2D-string 模型、MBR 模型、四半区域模型、方向关系矩阵模型和 Voronoi 图方法等。其中用得较多的是锥形模型和 MBR 模型。

1. 锥形模型

锥形模型由 Frank（1991）提出，该方法用空间对象的质心代替对象，把对空间对象方向关系的研究转化为对两个质心间角度关系的研究。经过参考对象质心的直线将参考对象周围的空间划分为相同形状的 4 个、8 个、16 个或更多（*n*）互不相交的部分，每个部分描述一个方向。*n* 方向模型可以区分 *n*+1 种不同的方向关系，*n*=4，8，16…，常用的锥形模型是八方向模型。锥形模型的方向可以严密定义，并且可以根据应用需要实现方向关系分辨率的转换，且与定量信息联系紧密。其缺点是没有考虑空间对象大小、形状等因素对方向关系的影响，因而描述结果不够准确。

还有许多学者对锥形模型进行了改进，并考虑与定性距离关系的结合。

2. 投影模型

Frank（1996）提出基于投影的方向关系模型，把参考对象所在空间按照其在水平和垂直坐标轴上的投影进行划分，可以划分为 4 个或 8 个方向区域。目标对象与参考对象的位置所在区域相同时，其方向关系为 same。

基于投影的模型与锥形模型相比存在如下优点：①投影模型对于方向划分的矩形特性，使其在空间数据库中的实现比锥形模型容易；②投影模型产生的复合推理结果比锥形模型的推理结果更精确（Frank，1996）。但锥形模型易于对空间进行更细的方向划分，如 16 或 32 方向划分。

3. MBR 模型

MBR（最小外接矩形）方向关系表示方法由 Papadias 等（1996）提出，用空间对象的最小外接矩形近似表示该对象。按空间对象的最小外接矩形对其所在空间进行划分，可以划分为 9 个部分。通过分析目标对象的 MBR 与这 9 个部分的相交情况，得到两者间的关系。MBR 方法能够区分 169 种基本的外接矩形间关系，Papadias 等研究了基本拓扑关系和方向关系与这 169 种关系之间的对应关系，提出了空间关系检索的过滤和细化两步法。外接矩形法还能与 R-Tree 索引紧密结合，从而实现空间关系的快速检索。因此在空间查询中该方法得到了广泛的应用。但它不能提供严格的定义模型，因此有利于方向关系的表达而不利于拓扑关系的表达。

4. 方向关系矩阵

Goyal 等（1997）提出了方向关系矩阵模型来描述方向关系，该模型用符号集{N，S，E，W，NE，SE，SW，NW，O}表示参考对象的空间被 MBR 分成的 9 个方向片，其中，O 表示与参考对象的 MBR 方向相同的方向片。通过分析目标对象 A 与参考对象 B 相应的方向片取交集的结果，可以得到一个 3 阶矩阵：

$$\mathrm{dir_{RR}}(A,B)=\begin{bmatrix}\mathrm{NW}_{A\cap B} & \mathrm{N}_{A\cap B} & \mathrm{NE}_{A\cap B}\\ \mathrm{W}_{A\cap B} & \mathrm{O}_{A\cap B} & \mathrm{E}_{A\cap B}\\ \mathrm{SW}_{A\cap B} & \mathrm{S}_{A\cap B} & \mathrm{SE}_{A\cap B}\end{bmatrix} \tag{3-1}$$

该方向关系矩阵模型能够区分 218 种基本方向关系。许多学者在此基础上对方向关系矩阵进行了改进，使之能区分更细致的空间方位关系。

与 MBR 方法相比，方向关系矩阵既考虑了参考对象的大小，又顾及目标对象的形状，计算方便，而且与人们对方向关系的认知接近，是一种较好的模型。其缺点在于它仅仅描述了目标对象在参考对象 MBR 外部的方向关系，对目标对象在参考对象 MBR 内部或边界的情况没有加以区分，都用“同一”来描述，这显然与人们对方向的认知常识不符。为了弥补这一不足，杜世宏等（2004）提出了一种新的细节方向关系描述模型。细节方向关系包括内部、边界和环部等 3 种方向关系。细节方向关系模型和方向关系模型描述的空间范围不同，可以相互补充。

3.3.3.3　度量关系描述

在空间对象的度量关系中最常用的是距离关系。距离关系是一个二元关系，对于两个点状对象间的距离有欧氏距离、广义距离、曼哈顿距离、切比雪夫距离和 Voronoi 距离等多种定义。其中，欧氏距离用欧氏空间的距离度量公式进行绝对度量。Voronoi 距离是用两个对象间 Voronoi 区域的数量来度量的。非点状对象之间的距离是模糊的，没有一个统一的定义，因此不同类型对象间的距离往往有多种定义。

3.3.3.4　空间关系形式化表示分析

从上面的分析可以看出，空间关系的形式化表达方式有很多，但每种表示方法大多只对一种空间关系适用，如锥形模型仅适用于方位关系描述，欧氏距离只适合度量空间距离关系。而实际应用中的空间分析往往同时涉及几种空间关系，如方位和度量关系的组合分析，拓扑和度量关系的组合分析等，这就需要分别采用几种相互度量的空间关系表示方法，从而给空间数据建模、查询语句构造等带来极大的不便。现有的空间关系表示模型对拓扑、方位和度量三类空间关系的表示相互独立，缺乏统一的形式化表示拓扑、方位和度量关系的表示模型。

3.3.4 空间关系推理

空间关系推理是人工智能学科处理常识性空间知识的一种方法，是指利用空间理论和人工智能技术对空间对象进行建模、描述和表示，并据此对空间对象间的空间关系进行定性或定量分析和处理的过程（刘亚彬和刘大有，2000）。随着空间推理研究对象的扩展，空间推理被广泛用于地理信息系统。

地理本体的空间推理是为了发掘地理空间对象间潜在的空间关系，即对地理对象的几何形状或者运动性质进行的分析和处理，在此基础上进行推导得到新的空间知识。根据空间推理的性质来进行划分，已提出的空间推理方法主要包括定性、定量、混合、层次，以及基于不确定性空间对象的推理等方法（欧阳继红，2005）。其中，定性空间推理是对定性空间关系的表示、分析和处理，是目前空间关系推理的主流。

根据空间关系推理时所用的空间关系种类来进行划分，空间推理可分为单种空间关系推理和组合空间关系推理。单种空间关系推理仅使用某一种空间关系进行推理，如从拓扑关系推理新的拓扑关系等；组合空间关系推理使用两种以上的空间关系进行推理，如拓扑和度量的组合推理，方向和拓扑的组合推理等。由于组合关系推理综合利用不同空间关系的互补信息进行推理，能得到单种空间关系推理无法获得的推理结果，因此其实际应用范围更广。

3.3.5 空间关系本体

从空间关系的分析和空间推理过程可以看出，对空间对象及对象嵌入空间属性的理解也不尽相同。这些理解的差异主要体现在空间原语和空间属性两方面（欧阳继红，2005）。

1）空间原语：空间原语有基于点和基于区域两种类型。在空间拓扑推理中，多数研究者倾向于用区域作为空间原语。例如，在空间拓扑关系表示模型中广泛采用的 RCC 模型；在方位模型研究中，基于点和区域两种空间原语都有使用；在度量模型的研究中，绝大多数采用点作为空间原语。

2）空间属性：空间属性是指空间的结构的特征，例如，空间是离散结构或连续结构（即空间与 Zn 同构或与 Rn 同构），空间是有限的或无限的，是同维的或混合维的空间等。

对空间本体的认识有助于更好地理解地理空间对象之间的空间关系，并加以形式化表达。OGC 的 GML3.0 规范（OGC，2003）对地理要素，要素几何类型和空间关系等本体概念进行了定义，它们之间的关系如图 3-4 所示。

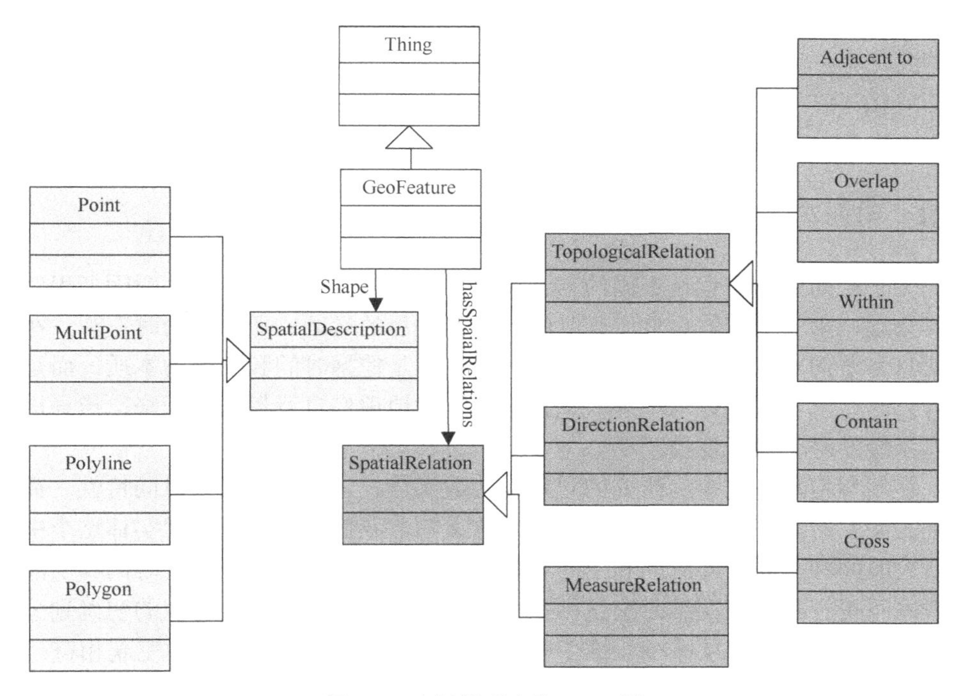

图 3-4　空间关系本体 UML 图

从图中可以看出，GeoFeature 由 Thing 继承而来，SpatialDescriptin 和 SpatialRelation 分别通过 Shape 和 hasSpatialRelations 与 GeoFeature 关联。对 SpatialDescription 及 SaptialRelation 的类型图中只给出了几个具体示例。可以根据具体应用，在地理本体的建立时进行相关定义。

3.4　时间关系的本体分析

正如空间特性是任何地理对象都具备的特征一样，时间特性也是地理对象的本质特征之一。地理现象的时间特征通常表现为 4 种情况。

1）反映地理现象某一状态的特定时刻，如某一时刻某县的土地利用情况，该时刻按照地理现象的状态来划分，可分为过去、现状和未来 3 种情况。

2）反映某时间段内地理现象的变化情况，如 1999~2002 年某县农用地面积和范围的变化。

3）反映地理现象的变化过程，如人口迁移、污染物扩散、火灾蔓延等。

4）反映地理现象的周期变化，如全球气候变化等，主要突出地理现象的周期性。

对于抽象的地理要素来说，时间表达了地理要素的状态及其变化。这种变化包括：各种空间、专题属性随时间的变化而产生的变化率，如移动速率、移动方向的变化率、土壤侵蚀率、磨损率等，以及地理实体之间的空间、语义关系随时间的变化。时间关系表达两个或多个地理要素在时间序列上的前后位置关系，可以用“之前（before）”、“之后（after）”等词语表达。

3.4.1 时间本质的认知

关于时间的本质存在不同的哲学观点，如牛顿的绝对时空观、爱因斯坦的相对时空观、莱布尼茨的事件序列时间观和马克思的运动物质特性的时空观。在地理信息系统的时空研究中，我们研究的重点不是挖掘时间和空间的本质，而是将这种对时空的本质认识与地理信息系统特定的地理信息背景结合起来，指导地理信息系统的时空数据建模。

在地理信息系统中，研究的对象是地理实体，它具有空间和时间特性。孤立单纯去研究时间和空间本质及关系是无意义的，我们必须围绕地理实体这个中心来研究时间和空间，即时间和空间与具体的地理实体联系在一起，时间和空间密切联系不可分割，在四维时空坐标系中不存在三维空间和一维时间的明确划分，只存在四维的时空连续区域。这个观点与爱因斯坦的狭义相对论时空观相符。

受时间长短、间隔、顺序、事件出现的时点，以及个体认知因素的影响，人类对时间的认知不尽相同。人类对时间的认知包括对时距（temporal duration）、时序（temporal succession）和时点（temporal locus）等概念的认知。其中时距是指两个相继事件之间的间隔长短；时序是指人们将两个或两个以上的事件感知为不同的事件，并且按顺序组织起来。时点是事件发生的确切时间点，它是一个瞬时概念，没有长度。

3.4.2 时间关系的形式化描述

在时间关系的形式化描述研究中，比较有代表性的时态表示模型有 1969 年 McCarthy 等提出的状态演算模型、1972 年 Bruce 提出的 Chronos 系统、1983 年 Allen 提出的时态区间代数理论等。其中影响力较大的是 Allen 提出的区间代数理论。

Allen 提出的区间代数理论以时间段作为基本时间基元。每个时间段包含两个端点，通过比较两个时间段端点之间的关系，可得到 13 种基本的时态关系：Before、

Meet、Overlap、Start、During、End，以及它们的逆关系 After、Met-by、Overlapped-by、Started-by、Include、Ended-by 及相等关系 Equal。在 GIS 中由于时间和空间的密切联系，常将时间和空间关系进行组合分析，因此用来描述空间关系的点集拓扑理论也被用于时间关系描述中。将时态目标 $T=\{t_s, \ldots, t_e\}$（t_s 表示实体的生成时间，t_e 表示实体的消失时间）模拟成欧氏空间上的一个点集，则时态目标 T 的内部 T^o 和边界 ∂T 构成一个 4 元组点集矩阵。该矩阵可用来描述时态拓扑关系（舒红等，1997）。

$$R(T_1,T_2)=\begin{bmatrix}\partial T_1\cap\partial T_2 & \partial T_1\cap T_2^o\\ T_1^o\cap\partial T_2 & T_1^o\cap T_2^o\end{bmatrix}=\begin{bmatrix}C_{11} & C_{12}\\ C_{21} & C_{22}\end{bmatrix}\tag{3-2}$$

根据矩阵元素的取值情况可以表示 Disjiont、Meet、Overlap、Cover、Covered-by、Equal、Inside 和 Contain 8 种时态拓扑关系（剔除不能成立的 8 种情况），它与 Allen 归纳的 13 种时间关系相对应（不考虑先后时间的方向关系），如表 3-1 所示。

表 3-1　两时态目标间的拓扑关系描述

Allen 时间关系谓词（T_1，T_2）	矩阵表示	图示	拓扑谓词	语义
After Before	$\begin{bmatrix}\phi & \phi\\ \phi & \phi\end{bmatrix}$		Disjoint	T_1 和 T_2 间隔出现
Meet Met-by	$\begin{bmatrix}\neg\phi & \phi\\ \phi & \phi\end{bmatrix}$		Meet	T_1 和 T_2 相遇出现
Overlap Overlapped-by	$\begin{bmatrix}\neg\phi & \neg\phi\\ \neg\phi & \neg\phi\end{bmatrix}$		Overlap	T_1 和 T_2 部分同时出现
Started-by Ended-by	$\begin{bmatrix}\neg\phi & \phi\\ \neg\phi & \neg\phi\end{bmatrix}$		Cover	T_1 期间内 T_2 出现
Start End	$\begin{bmatrix}\neg\phi & \neg\phi\\ \phi & \neg\phi\end{bmatrix}$		Coveredby	T_1 在 T_2 期间出现
During	$\begin{bmatrix}\neg\phi & \neg\phi\\ \phi & \phi\end{bmatrix}$		Inside	T_1 在 T_2 出现过程中出现
Include	$\begin{bmatrix}\neg\phi & \phi\\ \neg\phi & \phi\end{bmatrix}$	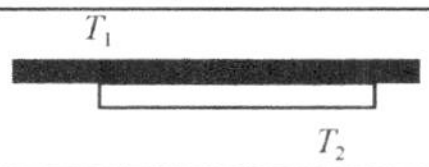	Contain	T_1 出现过程中 T_2 出现
Equal	$\begin{bmatrix}\neg\phi & \phi\\ \phi & \neg\phi\end{bmatrix}$	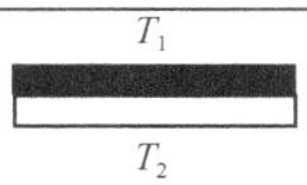	Equal	T_1 和 T_2 完全同时出现

3.4.3　时间关系推理

3.4.3.1　时态推理

时态推理包括时间概念的形式化，以及为表示和推理知识的时态方面提供方法。因此一个时态推理空间应包括两方面：对原有语言进行扩展使之能够表示知识的时态，以及能判定扩展语言中的时态逻辑断言真值的时态推理系统。

从时态逻辑出现以来，人工智能领域中的时态推理的主要方法有（欧阳继红，2005）：McCarthy 和 Hayes 提出的情形演算（situation calculus，SC），用情形或状态的集合表达世界，解决动作推理的形式化问题；Bruce 用自然语言表示时态基准的 Chronos 模型；Khan 和 Gorry 用于处理时态问题的时间专家；McDermott 将自然时间理论形式化提出的时间推理通用逻辑；Allen 提出的定义了时间区间的 13 种互不相交且联合完备二元关系的区间代数；Kowalsky 等提出的建立在简单本体论基础上的事件演算。

3.4.3.2 时空结合推理

在地理信息领域，研究的主要对象是地理实体及实体间的关系，根据实际应用的需要，有时还要研究地理实体随时间变化的规律，因此，单纯分析时间关系没有很大的现实意义。在现实地理世界中，时间的变化总是伴随着地理对象形态和性质的变化，因此结合空间关系、语义关系等来分析它们随时间变化的特点才具有更广泛的应用。目前研究较多的是时态关系和空间关系结合的推理方法。

时空关系表达和推理主要研究时空对象空间关系变化规律及其处理。目前时空知识表示及推理的模型主要分为理论化模型和面向特定应用的专用模型两种。其中，理论化模型又可以分为基于代数的方法和基于逻辑的方法两大类。此外，还有一些基于其他方法的研究工作，如约束网、语义网等，但都没有形成成熟的体系。

最近几年，由实际应用需求的驱动也产生了很多有代表性的面向应用的时空模型。Muller（1998）提出了一个用于表示运动的描述定性时空关系的时空模型。该模型定义了 6 种运动关系：离开、到达、碰撞、内部、外部和相交关系并构造了运动与时态（空间）的复合表。Niki 等（2001）提出的 GTDM 模型将 Allen 提出的 13 种时段关系扩展到高维，用以描述对象间的拓扑和方向关系。该模型是一种离散化的定量模型，用于多媒体地理信息系统的时空关系表达，难以应用于多媒体之外的领域。Andrea 和 Ubbo（2002）提出了基于对象移动时段（OMI）和空间关系时段（SRI）的模型，用于分析机器人足球比赛中各个机器人之间的时空关系。

到目前为止，时空关系推理研究主要集中在拓扑关系方面，而对方向关系的时空变化和推理的研究相对较少。

3.4.4 时间本体

从时间本质的认知可以看出，对时间的理解存在许多不同的观点（即不同的时间本体)。这些观点的差异主要体现在时态基元、时态属性和时态约束 3 个方面(欧阳继红，2005)。

时态基元：时态基元是时间轴上的最小可区分的区间单元，它具有一定的长度，且不可再分割。常见的时态基元有如下两种：①时间点。在人工智能研究的早期，多数工作使用时间点作为时间表示基元，如状态演算和 Chronos 系统。时间点是一种大时间单位下的时间抽象，而在细微的时间尺度下，时间点可转化为时间区间单元。因此，时间点可视为某种综合函数作用在时间基元的结果。②时间区间。时间区间为两时间点之间的时间段，它有一定的长度。它的两个端点分别为起始时间点 t_s 和终止时间点 t_e，且它们满足条件起始时间点小于终止时间点($t_s<t_e$)。在区间代数系统和约束网络传播算法中常以时间区间作为时间基元，它是表示属性和事件的最好概念。与时间基元相关的概念还有：①时间间隔。时间间隔为两个时间点之间的距离，它没有方向，但有一定的长度。常用来表示两个事件发生的时间点之间的距离。②时间元素：时间元素为若干非连续、不互相交叠的时间区间的集合。与时间基元相关的这些概念均是面向应用的概念，在具体应用中可根据需要选择合适的时间基元。

时态属性：时态属性主要涉及结构、次序和界限性等问题。时间的结构性问题包括时间是离散的还是连续的；时间的次序问题包括时间是线性的、分支的还是循环的；时间的界限性是指时间是有限的还是无限的。时间属性问题还包括时间是绝对时间还是相对时间。绝对时间用相对于时间起始点的距离表示，而相对时间用两时间点间的时间间隔表示。

时态约束：时态关系的类型和时态表达式的约束性是许多研究关注的问题。根据时态表达式中所用约束的性质主要分为两类方法：建立在定性时态关系上的定性时态方法和建立在定量时态关系上的定量时态方法。也有一些研究将两者结合起来。定性时态关系的代表方法是 Allen 的区间代数学，以及 Matuszec 等提出的基于点代数的方法。定量关系最简单的情形是将时态信息以日期或其他精确数字形式出现，这种方式易于计算，并且通过数值比较就可以得到事件发生的时间信息。然而，许多问题不能或者很难获得精确、可用的数字信息，因此很难用定量方法进行描述。定性和定量关系结合的方法将定性和定量约束结合在一个系统中，以解决不同精确度知识的可用性问题。许多学者在此方面进行研究，并取得了一定的成果。

在 GML3.0 规范（OGC，2003）中新增加了时态信息和动态特征，可以用来描述空间要素的时态特征。对时间本体和时间原语的定义如图 3-5 所示。

从图中可以看出，TimeObject 是一个抽象元素，时间原语 TimePrimitive 由 TimeObject 衍生而来，它包括 TimeInstant 和 TimePeriod 两种类型的原语，其中时间点 TimeInstant 代表时间维上的一点，而时间段 TimePeriod 代表时间维上的一条线，它由起点（Begin）和终点（End）来界定。起点和终点用 TimeInstant 来表示，

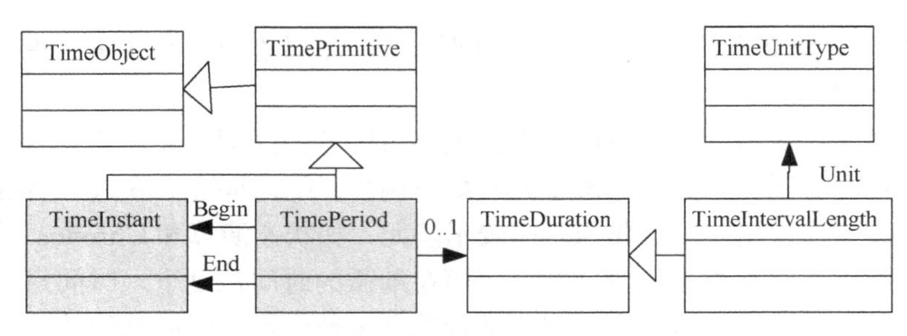

图 3-5　时间关系本体 UML 图

时间段 TimePeriod 的长度由 TimeDuration 来表示，它等于时间段起点与终点之间的距离。时间段的长度用 TimeIntervalLength 来表示，它与具体的时间衡量单位有关，它有 year、month、day、hour、minite 和 second 几种类型。在实际应用中，时间点可以表达为一个长度小于时间分辨率的时间段。

3.5　语义关系的本体分析

本体是知识的形式化表达，是语义表达的依托，多尺度空间数据间语义关系用本体来表示可以表达不同尺度上的空间要素类在抽象层次上的对应关系，并可以消除不同领域或应用中的语义异构，如同词异义或异词同义的问题。

3.5.1　语义关系分类

在“知网”中，概念之间的关系主要有继承关系、同义关系、反义关系、对义关系、成员关系、属性-宿主关系、材料-成品关系、事件-角色关系等 8 类，针对地理本体的特征，地理要素之间的语义关系包括分类关系、成员关系、实例关系、概念相关关系和功能相关关系。

1. 分类关系

分类关系（IS-A，subClassOf）是形成概念体系的一种基本关系。用于指出事物间抽象概念的类属关系，它形成了概念之间的逻辑层次分类结构。在分类关系的多个层次中，处于同一语义关系的各个概念表达的是同一类事物，上一层的概念称为上义，下一层的概念称为下义，上下义之间是领属关系，即上义表示语义的领域，下义表示该领域中的分类。例如，IS-A（A，B）可表达为 A is a B，即概念 A 称为下义，概念 B 相对应称为上义。它们之间也可以简单理解为父子关系，子概念可以继承父概念的基本属性和性质，处于越下层的概念累计继承的属性越多。分类关系是一种偏序关系，它不满足对称性，但它有自反性、反对称性和传递性。

2. 成员关系

成员关系（member-of，part-of）又称为构件关系，是一种空间的部分-整体关系，以组合和聚合等形式构成。成员关系中任何下层概念都是其上层概念的一个构件，即上层概念是整体，下层概念表示整体的一个构件。成员关系中的上层整体概念抽取下层成员概念的某些属性来集成。整体的功能可以从成员的功能抽取，但并不等于成员功能的简单相加。成员关系不满足自反性、对称性、反对称性和传递性，并且没有属性和性质的继承性。成员关系侧重于概念之间的组成关系。

3. 实例关系

实例关系（instance-of）是典型的概念与个体之间的二元关系。对于概念 C 及其实例集 S，实例集中的每个元素 e（$e \in C$）和概念 C 之间的关系称为实例关系，记作 instance-of（e，C）。实例关系没有自发性、对称性和传递性，但是从概念的内涵形式可知，实例和概念之间有很好的继承性。由此可见，它与成员关系是截然不同的两种关系，它们处于不同的逻辑层次。

4. 概念相关关系

概念相关关系是两个实体的概念间的语义关系，如相似概念、相反概念等，主要包括同义语义和对立语义。同一层次的概念称为平层概念。同一概念的若干层次的概念称为同位概念。同义语义是同位概念的关系，它们处于不同的概念层次，上层概念是下层概念抽象的结果，下层概念是上层概念的细化。对立语义是由平层概念之间的关系决定的，即平层概念间是一种对立关系。这种对立关系可表现在性质、状态等各方面因素的对立。

5. 功能相关关系

功能相关关系是把两个具有相关作用的实体顺序联系起来的一种关系，可用于描述一个地理处理过程涉及的两种概念关系。其中最常见的是顺序关系，顺序关系中处于同一语义的所有平层概念是有序的。在平层概念之间具有顺序关系。顺序可表现为“时间”“空间”“范围”等各个方面。例如，空间上的“洲→国→省→市→县→乡（镇）”等，时间上的“Before（C，D），After（C，D）”等。平层概念中的任何一个概念都与其相邻概念有定位关系，这种关系称为有序链。有序链的链长大多是有限的。一些有序链上的概念不只有位置顺序，还有等级关系。功能相关关系不满足自反性、对称性，而且它们不具有属性和性质的继承性，但它们具有反对称性、传递性和逆关系。

3.5.2　多尺度空间数据间语义层次关系

多尺度空间数据是对同一现实地理世界的地理对象和过程的表达，从本质上说它们之间可以通过唯一的地理对象来进行关联。同一地理对象不同的数据表达按照尺度由小到大不断抽象，如图 3-3 不同尺度上空间对象间抽象关系所示。因此这些空间对象之间的语义也构成了层次关系，较小尺度上的空间对象的语义位于较低的语义层次中。不同尺度空间数据的语义关系抽象成具有一定层次关系的结构图，其中父结点的概念包含子结点的概念，子结点的概念必须是对父结点概念某种方式的细化。

以道路网多尺度空间数据间语义关系为例，在地图比例尺为 1∶500 的地图上地理要素表现得比较详尽，各级道路（如高速公路、城市主干道、次干道等）、车道（包括自行车道、人行道等）及道路附属设施等要素类可以在地图上区分；而在比例尺为 1∶10 000 的地图上地理要素进行了一定程度的抽象，可以区分的要素类包括：主要的道路，如高速公路、城市主干道、次干道等，次要道路要素及道路附属设置根据实际应用需求进行取舍；在 1∶25 万到更小的比例尺，地图上地理要素主要包括高速公路及城市主干道。从上例可以看出，多尺度空间要素的语义表达按照尺度由小到大的逐层抽象，形成一个层次的金字塔式结构。

3.5.3 多尺度空间数据语义层次匹配

语义匹配是在异构数据间找出语义相关的概念（要素类）。它是解决数据语义异构问题的关键，对实现本体集成和信息的语义检索起着重要的作用。语义匹配的方法和途径有很多种，而且已经有很多研究语义匹配的系统、算法和评价。它们主要是通过计算概念之间的语义相似度来判断它们是否匹配的。本节主要讨论包含尺度特征的空间概念间的语义匹配以维护不同尺度空间要素间的一致性。

由于空间要素类的语义是通过属性集合描述的，要素类的语义由这一组属性唯一确定，它表明了该要素类的本质特征。不同领域或本体的两个空间概念的匹配程度，可通过比较它们特征属性集的相似程度来判断。对于具有尺度特征的空间概念，它的特征属性集包含了尺度信息，要判断两个尺度概念是否是对同一尺度的空间要素类的描述，可以将尺度概念作为 n 维尺度特征向量空间中的点集，一个尺度概念（或空间要素类）的实例对应多维尺度向量空间中的一个点。按照第 2 章广义尺度空间的定义，我们将尺度概念的特征集映射到 4 维尺度特征向量空间，一方面通过到不同维度尺度特征的映射，便于定量处理概念所表达的各类尺度信息；另一方面也可以将不同本体系统的概念属性集放在同一尺度特征向量空间中进行处理，使不同本体系统的互操作在一个统一的框架下进行计算，并找出不同尺度空间概念之间的关联，为本体系统间基于语义的推理和互操作奠定基础。

多尺度空间数据语义层次匹配过程如图 3-6 所示。

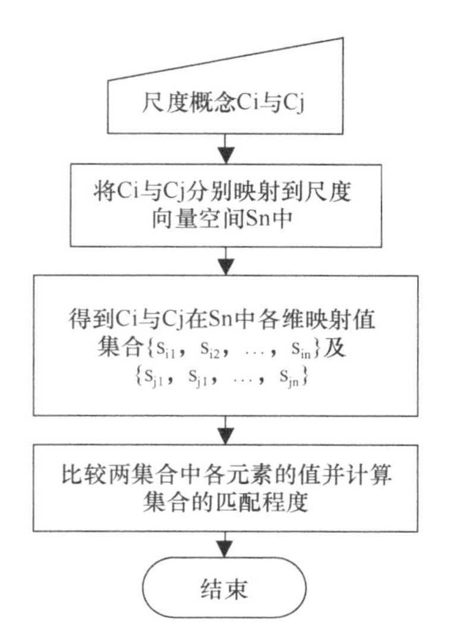

图 3-6　多尺度空间数据语义匹配流程图

3.5.4　基于本体的空间信息语义互操作

从地理空间的认知可知，人们对同一地理对象有着不同的认知并用不同的形式（概念）表达，因此，在不同的地理信息系统之间存在着语义异构问题。语义异构可以分为两种，一种是由于认知不同造成的异构，这是语义异构产生的根本原因；一种是由于命名冲突造成的异构。对于命名异构，可以通过建立对应的名词之间的映射关系解决，而对于认知异构，则需要通过空间信息的语义互操作来解决。空间信息的语义互操作是指通过知识体系（概念术语、关系及约束等）的参照、映射，理解不同领域的知识表达，并使空间信息系统具有语义交互的能力。空间信息的互操作机制在经历了早期的数据格式转换方式和各自制定空间信息标准进行数据集成阶段，目前主要的方式是建立统一、标准的数据模型和标准服务，而本体是现阶段空间信息互操作实现的重要工具（Fensel，2001）。

基于本体的空间信息语义互操作主要是研究如何理解所获取的信息，重点是要解决不同部门、不同用户之间对信息理解的差异。该过程的实现需要根据不同部门、不同用户对信息的理解建立相应的本体，并通过它们之间的共识所形成的领域本体，对异构的信息达到一定程度的共同理解，并能在此基础上进行相应的分析和操作。基于本体的空间信息语义互操作框架如图 3-7 所示。

图 3-6 中从不同空间信息系统中抽象出来的本体为应用本体，它体现了不同应用中人们对空间信息理解的本体知识，因此，不同应用本体间存在较大差异，在它们之间进行语义互操作，可以根据它们与领域本体中的概念的映射关系来实现。具体操作为：在领域本体中查找与应用本体概念对应的领域本体概念，然后通过概念间关系及概念的属性关系来实现不同应用本体中概念的语义匹配，建立

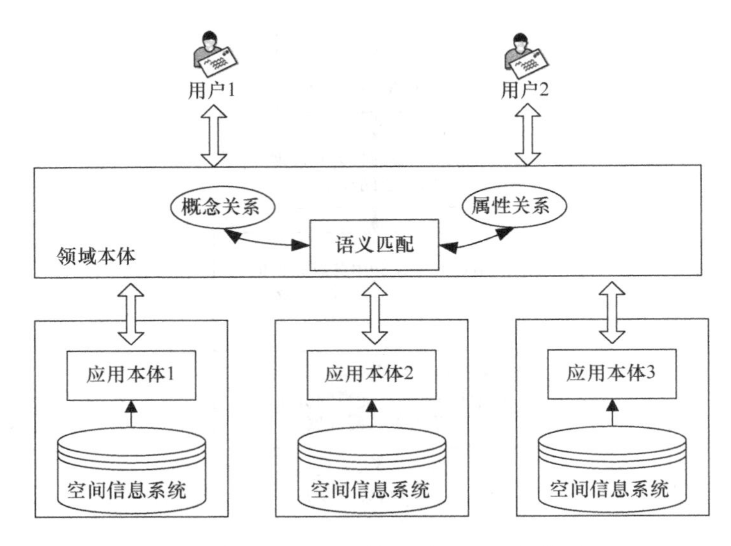

图 3-7 基于本体的空间信息语义互操作框架

不同应用本体间概念的对应关系。对于多尺度空间数据的互操作，通过这个过程可以在不同数据源中找到语义相关的要素类，然后根据不同尺度空间要素的抽象规律，以及信息表达规则建立不同数据源要素的关联。当某一数据源中的空间要素发生了变化，可以通过要素间的关联快速找到与之对应的不同尺度不同数据源中的要素，进而对其进行更新和一致性维护。不同尺度空间要素的抽象规律及信息表达规则是尺度本体的重要内容，后面将详细论述。

3.6 多尺度空间数据建模本体分析

3.6.1 多尺度数据模型特征

由于地理要素、要素间的关系、关系类型和约束条件在尺度抽象过程中会发生变化，因此在建立多尺度空间数据模型时，必须在概念设计阶段就考虑地理要素的多尺度特征，即分析多尺度空间数据在几何形式、空间关系、属性关系、时间关系上的多尺度特征。这样建立的多尺度空间数据模型才能在设计阶段就具有多尺度表达和处理的能力。

相对于单一尺度空间数据模型，多尺度空间数据模型的特点见表 3-2。

从表 3-2 中分析可以看出，多尺度空间数据并不仅仅是对单一尺度空间数据增加了一个属性或空间维度，在多尺度空间数据间关系上可以体现出其复杂程度。

3.6.2 基于本体的多尺度空间数据建模

空间数据模型的设计是一个地理信息系统设计的核心和首要问题，它表达了

表 3-2 多尺度数据模型与单一尺度数据模型比较

模型 内容特征	多尺度数据模型	单一尺度数据模型
几何形式描述	一个地理实体在不同尺度上用不同的几何形体（形状、几何维数）表示	一个地理实体由一个确定的几何形体表示
空间关系	◆ 在同一尺度下，一个地理实体与周围地理实体间关系 ◆ 在不同尺度下，一个地理实体不同表现形式之间的空间关系 ◆ 在不同尺度下，一个地理实体与周围地理实体间关系	一个地理实体与其周围地理实体的关系
属性数据描述	在不同的尺度下用相应抽象层次的属性值表示，且在不同尺度下属性值取值范围可能不同	用单一值描述
属性关系	◆ 在同一尺度下，不同地理实体类之间属性数据关系 ◆ 在不同尺度下，同一地理实体属性值之间的关系 ◆ 在不同尺度下，不同地理实体类之间的属性数据关系	不同地理实体类之间的属性数据关系
时态信息描述	在不同的尺度下表示地理实体存在时间的精度和长短可能不同	用时间区间表示地理实体存在的时间
时态关系	◆ 在同一尺度下，不同地理实体之间的时态关系 ◆ 在不同尺度下，同一地理实体存在时间周期之间的关系 ◆ 在不同尺度下，不同地理实体存在时间周期之间的关系	不同地理实体之间的时间关系（出现的先后次序）

设计人员对客观现实世界的认识和抽象。尽管 GIS 不论在技术上还是在实际应用上都取得了很大的进展，但 GIS 领域本身缺少有效的对空间数据进行多尺度处理的理论和方法（Mennis et al.，2000）。目前大多数学者提出的多尺度空间数据模型都为层次数据模型，通过不同层次之间的关联来表达多尺度空间数据之间的抽象关系。这类模型对于某个具体应用中的多尺度空间数据库的建立有指导性作用，能满足多尺度空间数据表达和处理的要求。但在网络环境下，为了实现不同数据源的多尺度空间数据的共享与互操作，多尺度空间数据模型不仅需要表达不同尺度空间数据间的关联关系，还需具备对不同数据源间语义异构问题的处理能力。对此，可以借助本体论的相关思想和方法，建立地理空间多尺度抽象的本体框架，以一个统一的视图表达地理空间对象多尺度抽象表达及不同尺度空间要素间关系，从而能处理领域概念及术语间的语义异构问题，解决空间信息的共享和重用的问题，避免重复开发，节省资源。

笔者提出基于本体的多尺度空间数据建模方法，该方法更接近于人类对地理空间的认知过程。如图 3-8 所示，人类对现实地理世界的多尺度认知过程产生了逐层深入的 3 个层次的数据模型：多尺度概念模型、多尺度逻辑模型和多尺度物理模型。基于本体的多尺度空间数据建模首先要从地理空间的多尺度认知中获取尺度知识，构建尺度本体，以此来指导地理信息领域本体的建立，才能使建立的领域本体具有尺度特征。地理信息领域本体是基于本体的多尺度空间数据建模的概念层。概念层是人类对概念认知的层次，由领域本体提供人们共同理解的地理信息领域的概念。领域本体通常是由地理信息领域的专家参与来构建，由于领域知识和术语是变化的，这样建立的领域本体是不完整的，但它描述了领域的基本概念和通用的词汇。对于具体应用来说领域本体中的概念太通用了，缺乏描述具体应用细节信息的能力，因此应用层本体的提出是对领域本体概念的进一步细化和约束。同时对于领域本体中通用的概念没有表达的概念可以在应用本体中加以定义。应用层本体的建立是基于概念层本体的，并对于继承的通用本体概念用形式化的本体语言来表达。

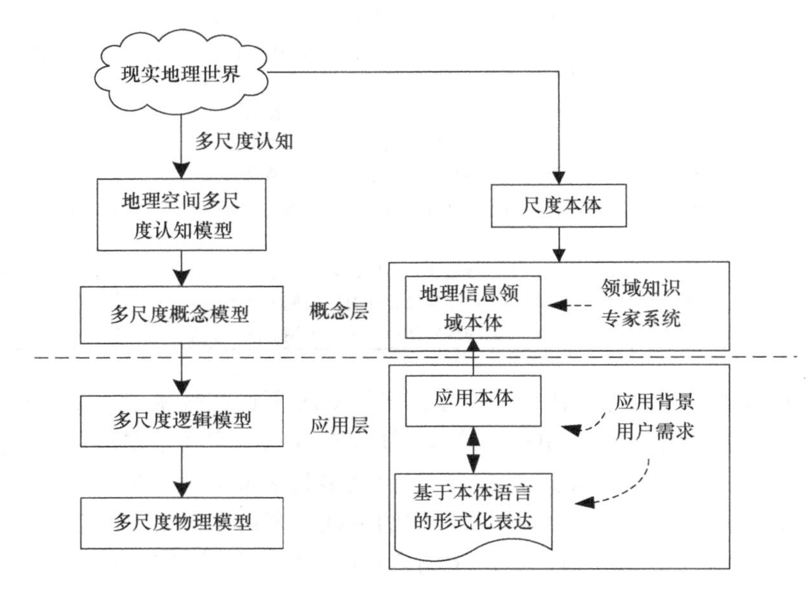

图 3-8　基于本体的多尺度空间数据建模过程

采用这种层次的基于本体的多尺度建模方法，对地理信息领域本体和应用本体进行了划分，能将通用的领域本体概念与具体应用中的任务相分离，从而使建立的多尺度空间数据模型既能表达具体应用的细节信息，又能在通用的概念上进行空间信息的共享与互操作。

3.7　基于本体的多尺度空间数据模型

3.7.1　基于本体的多尺度空间数据模型结构

利用地理本体来表达多尺度空间数据，需要描述空间本体、时间本体与语义本体之间的关系，并将尺度作为空间要素的基本特征来表达，同时要明确不同空间要素几何图形与地理对象之间的关系，使多尺度空间数据模型具有尺度处理能力。

图 3-9 给出的是基于本体的多尺度空间数据模型结构图。

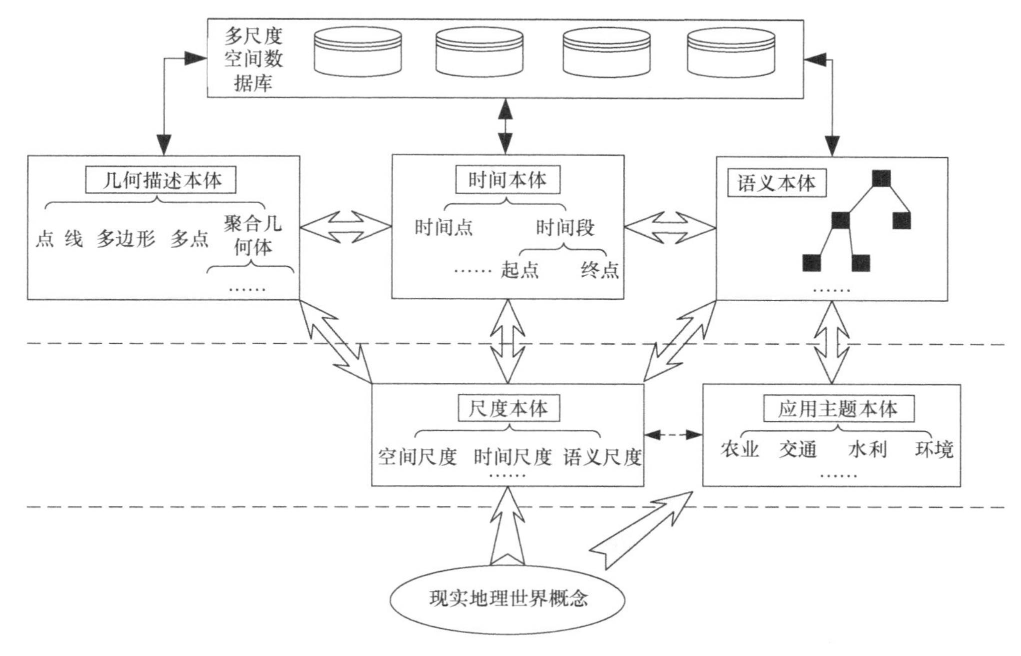

图 3-9　多尺度空间数据模型结构

如图 3-9 所示，对现实地理世界的多尺度抽象及基于应用主题的概念提取，结果得到两组概念：含有尺度特征的空间概念和含有应用背景及上下文信息的应用主题概念，分别用尺度本体和应用主题本体表达。尺度本体是对地图空间的多尺度抽象、分类及其概念体系的形式化表达。它主要由包含尺度的空间概念组成，每个概念的外延对应一个含有尺度信息的空间对象集合。应用主题本体是包含了应用主题上下文信息的概念。这两组概念间也存在着一定的联系，如土地利用规划通常将 1∶1000 的空间数据作为主要研究对象；而城市地籍管理则通常需要更详尽的 1∶500 的空间数据来作为研究对象。该层次上的概念划分是将与具体应用相关的概念从现实地理世界抽象的概念集合中抽取出来。用这些概念来描述空间数据的尺度特征及具体应用的上下文环境，而使较高层次的本体只描述领域的共享概念，从而降低本体的复杂度，更清晰地表达本体间关系。较高层次的本体包括三类：几何本体描述点、线、多边形等基本几何对象及其关系；时间本体描述空间要素的生存周期，包括生成时间和消失时间；语义本体描述地理信息领域抽象的概念知识，提供可共享的概念基础。这三类本体相互之间进行水平集成，完整地表达地理本体的特征。

从图 3-8 可以看出，基于本体的多尺度空间数据模型将尺度特征与几何描述本体分开表达，将尺度本体视为独立于几何描述本体的低层概念，而且将具体应用的上下文本体与表达领域通用概念的语义本体分开，从而使多尺度空间数据模型既能表达与应用相关的信息，又能在较高层次的领域通用本体上实现语义共享与互操作。在对地理本体的表达上，通过三类相关联概念的水平集成，包括相对应的几何概念、时间概念和语义概念，具体的地理本体表达由它们概念的合取实现。

3.7.2 多尺度地理本体

通常建立的地理本体没有考虑地理要素的尺度特征，因此不具备尺度处理能力。笔者引入本体论用于多尺度地理本体的构建，不仅表达一般地理本体的几何、语义特征，还针对多尺度空间数据模型的特征进行进一步深化，表达地理本体的时间特征，以及尺度和主题信息。

描述多尺度地理本体由两类属性特征来实现，一类是地理本体的基本属性，包括几何描述、属性描述和生存周期等；一类是与具体应用相关的信息描述，包括尺度和主题两个属性。它们确定了地理要素与现实地理世界、地理对象的对应关系，即同一地理对象在不同的尺度和应用主题上表现为不同的地理要素。图 3-10 表达了多尺度地理本体中的概念、属性和关系。

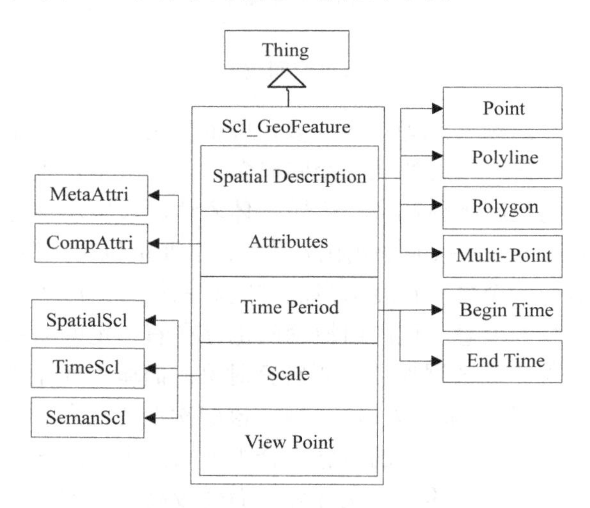

图 3-10 多尺度地理本体框架

（1）几何描述

几何描述（Spatial Description）表达了地理本体的空间特征，基本的几何描述包括：点（Point）、线（Polyline）、多边形（Polygon）和多点（Multi-Point）等。几何描述与空间尺度相对应，一个空间尺度可以决定某一地理要素的几何类型，可以是多边形、线或点，表达了地理对象在该尺度上的几何抽象。

（2）属性描述

属性描述（Attributes）表达了地理本体的属性特征，根据属性粒度的大小可以分为原子属性（MetaAttri）和复合属性（CompAttri）两类。原子属性指简单的不能再细分的属性，复合属性指不能用单一属性值表达的属性，如道路的车辆限载人数限制属性值为公共汽车（bus）30 人、小轿车（car）4 人。

（3）生存周期

生存周期（Time Period）描述了地理要素在现实地理世界中存在的时间跨度，它表达了现实地理世界中地理对象的变化情况，在多尺度空间数据更新中，生存周期是地理要素的重要属性。生存周期通常由生成时间（Begin Time）和消失时间（End Time）这两个时间点唯一确定。

（4）尺度

尺度（Scale）描述了地理本体的尺度特征，同一地理对象在不同尺度上的几何描述、属性描述及生存周期可能有不同的表达。在对地理本体尺度特征的表达中，可以通过空间尺度（SpatialScl）、时间尺度（TimeScl）及语义尺度（SemanScl）3 个属性来描述。

（5）主题

主题（View Point）描述了地理本体与应用相关的特征概念。主题由使用多尺度地理本体的应用领域背景知识来决定，可以有多个属性值。一个多尺度地理本体实例的主题不同，与之相关的地理本体的表达尺度也会有所不同。例如，在行政区划管理中，城市要表达为一个多边形，其属性的描述要表达城市的行政区划职能，而在城市间道路导航应用中，城市可以表达为一个点，作为道路的中间节点。

根据上述的多尺度地理本体表达框架，采用 OWL 本体描述语言对多尺度地理本体中的相关概念进行定义。例如，在几何描述中，Point、Polyling 和 Polygon 是 SpatialDescription 的子类。定义如下：

```
<owl：Class rdf：ID="SpatialDescription">
<owl：Class rdf：ID="Point">
  <rdfs：Label>Point</rdfs：Label>
  <rdfs：subClassOf rdf：resource="#SpatialDescription"/>
……
</owl：Class>
<owl：Class rdf：ID="Polygon">
……
<owl：Class rdf：ID="Polyline">
……
```

上述 OWL 描述片段未包含与领域知识无关的 nameespace 声明、本体的详细属性及属性的注释。下面的例子给出一个多尺度地理本体实例元素的 OWL 代码片段。该实例是对某一城市广场地理要素的描述，该地理要素的唯一标识编码为

“GEO_62908”，在 1∶1000 比例尺的上该广场的几何描述为多边形对象，其应用主题为“城市旅游”，而在 1∶5 万比例尺的地图上该广场表现为点对象，其应用主题为“道路交通”。多尺度地理本体的其他属性描述在此省略。

```
<Scl：Scl_GeoFeature rdf：ID="GEO_62908">
  <Scl：geo_id>62908</Scl：geo_id>
  <Scl：geo_name xml：lang=" zh-CN">城市广场</Scl：geo_name>
  <Scl：Scale>
     <Scl：Scale_type_id rdf：resource="#SpatialSel"/>
     <Scl：SaptialSel>1：5 万</Scl：SaptialSel>
     <Scl：geometric_type_id rdf：resource="#Point"/>
     <Scl：geo_coord_id rdf：resource="#WGS84"/>
     <Scl：coordinate>127.3655，34.1654</Scl：coordinate>
     <Scl：ViewPoint>道路交通</Scl：ViewPoint >
  </Scl：Scale>
  <Scl：Scale>
     <Scl：Scale_type_id rdf：resource="#SpatialSel"/>
     <Scl：SaptialSel>1：1000</Scl：SaptialSel>
     <Scl：geometric_type_id rdf：resource="#Polygon"/>
     ……
     <Scl：ViewPoint>城市旅游</Scl：ViewPoint >
  </Scl：Scale>
</Scl：Scl_GeoFeature>
```

3.7.3 基于本体的多尺度空间数据组织

多尺度空间数据组织是指在数据库中如何存储多尺度地理要素，并表达它们之间的关系，将数据库中表达的地理要素通过尺度映射为几何特征、时态特征和语义特征三个部分，并通过本体来描述它们之间的联系。

图 3-11 给出多尺度空间数据库中地理要素或对象的组织形式，数据库中的小方块代表一个地理要素，每个地理要素均与相应的几何特征、时态特征及语义特征描述对应；这些特征分别通过空间尺度、时间尺度和语义尺度进行映射。例如，多尺度空间数据库中某一地理要素经过空间尺度的映射，在不同的空间尺度上有不同的几何描述与之对应，实现了对同一地理要素不同几何形态的表达，而这些不同的几何描述通过同一地理要素进行关联。同理，在时间尺度和语义尺度上也可以进行相应的映射，实现不同时态及语义描述之间的关联。用此结构来组织多尺度空间数据既可以实现地理要素几何特征、时态特征和语义特征在水平方向上

的集成，又可以表达不同尺度空间数据间在垂直方向上的抽象关系。

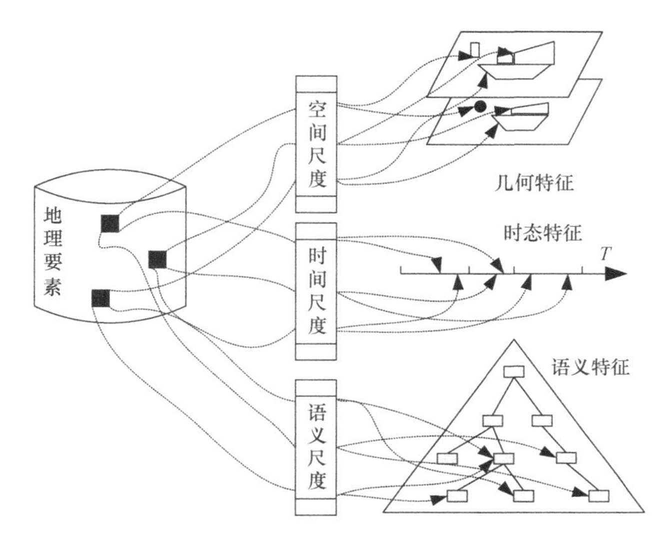

图 3-11　多尺度空间数据库中对象的组织

根据上述对多尺度地理本体结构及多尺度空间数据库中地理要素组织的分析，笔者对多尺度空间数据的逻辑结构进行了设计，如图 3-12 所示（黄慧，2004）。整个模型由 15 个对象和 7 个关系构成，可分为几何图形、要素和属性三个部分，在图中以不同颜色的对象区分，下面详细说明各对象的构成和相互间关系的建立。

1）几何图形的构成：几何图形是与尺度无关的地理要素几何描述，将节点（node）和边（edge）作为结合图形的基本构成单位，其他几何图形通过相应关系，如面-边关系（areaedge）构造。节点用坐标值来描述。

2）要素的构成：要素按类型分为点要素（point feature）、线要素（line feature）、多变形要素（polygon）、聚合要素（aggfeature）和复合要素（comfeature）。要素通过各类型对应的要素-几何关系与几何图形关联。要素的尺度特征及生存周期都在要素类中描述。

3）属性的构成：属性是指要素的非几何属性，只与要素的语义有关。提出基于原子属性来构造属性的方法，因此对属性的定义不同于通常的方法。要素类的属性通过要素类属性定义 FeatureAtt 描述，若其中包括复合属性，则只记录复合属性的 AttCode，对于构成复合属性的子属性信息在属性定义中描述。属性定义（AttDefine）记录了构成属性的所有原子属性和复合属性，以及复合属性与构成它的子属性间的关系。

基于上述逻辑结构的多尺度空间数据模型分别描述地理要素的几何特征、属

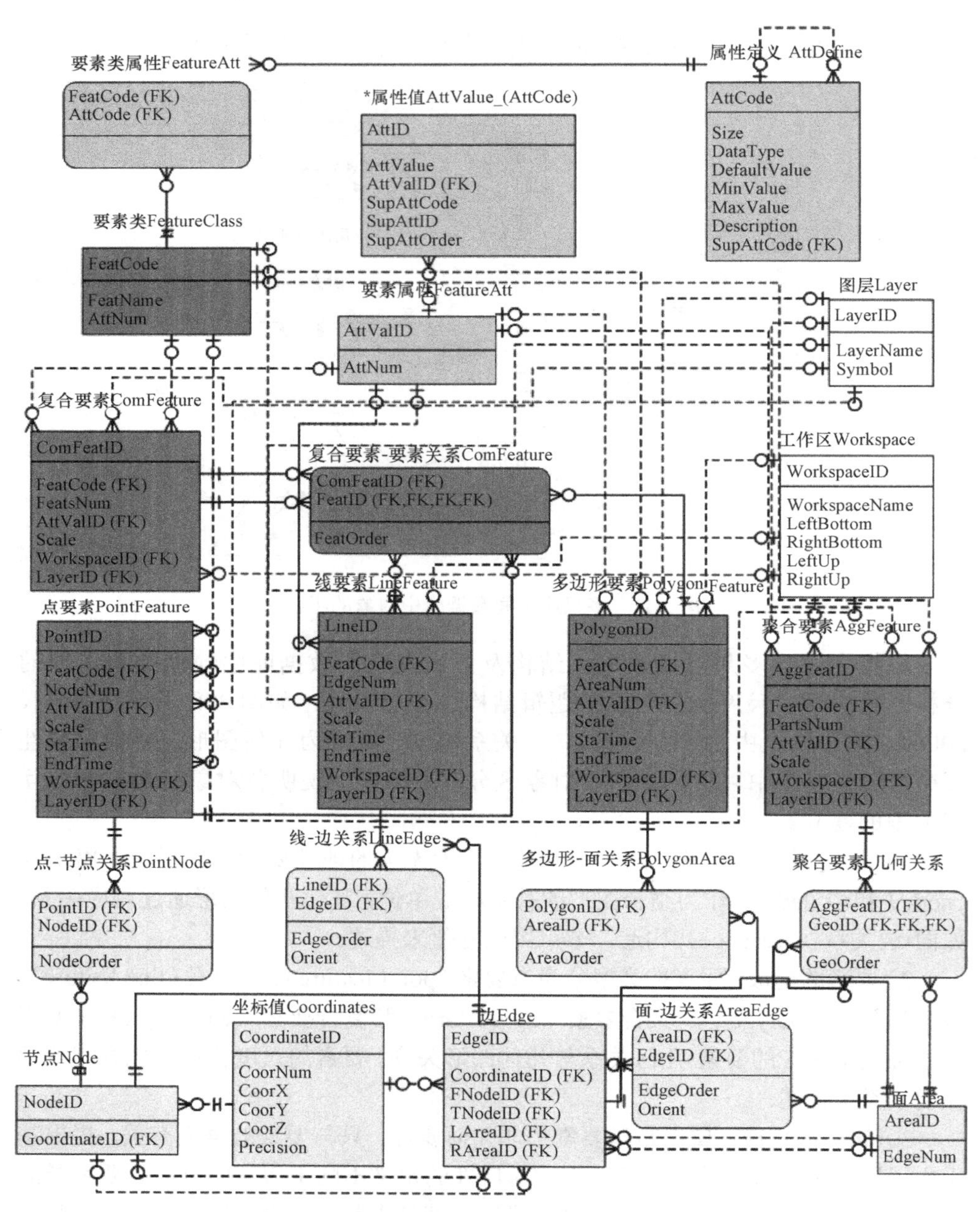

图 3-12　多尺度空间数据模型逻辑结构

性特征，并通过尺度关联将它们集成起来共同表达地理要素。而且将尺度特征从几何特征和属性特征中分离出来，使几何描述及属性的定义更加简洁，减少数据冗余。

第 4 章　多尺度空间数据一致性评价

多尺度空间数据之间的一致性是空间数据多尺度问题的主要研究内容之一。它不仅是数据查询、显示的需要，也是数据更新的需要。在多尺度空间数据库中，当某一尺度的地理要素发生变化，其他尺度的对应要素也要进行相应的一致性维护，才能很好地保持数据库中地理要素的现势性和准确性，从而才能用现势准确的地理数据作出正确的分析与决策。随着网络 GIS 的发展和地理空间服务的广泛应用，以及空间信息应用领域的逐步扩大，地理空间数据的多尺度内涵及其一致性评价的标准都在发生新的变化，用单一的标准来评价多尺度空间数据之间的一致性难以满足要求，甚至会造成数据的错误。针对新环境下的应用特点和用户需求，分析多尺度空间数据一致性的研究内容，并建立适用的一致性评价系统具有重要的意义和实用价值。

4.1　多尺度空间数据一致性概念

一致性的概念起源于数据库管理系统，在数据库层次上，一致性是指与现实世界模型不存在逻辑上的冲突。地理空间数据通过空间数据库来存储和管理，因此地理空间数据首先要满足数据库层次上的一致性，但由于空间数据在内容和形式上的特殊性，而且随着 GIS 的发展，特别是分布式和网络 GIS 的出现，空间数据向多源、多尺度和分布式方面发展，空间数据的一致性会产生新的内容，或者在某些方面的观点会发生变化。根据前面对多尺度空间数据内涵的分析，笔者对其一致性进行了新的定义。

4.1.1　一致性的定义

为什么空间数据的一致性是成功应用多尺度表达地理信息系统的关键问题，原因之一是对不同尺度的空间数据进行查询分析，用户希望得到一致的结果。最明显的例子是多尺度土地利用数据的查询，在不同尺度上的同类型的土地利用的面积应该保持一致。所以，不同尺度空间数据之间的一致性有重要的意义，因为它允许在较大尺度上的数据查询能够得到在较小尺度上相同查询至少是非常相似的结果。故我们首先应研究一下一致性的定义。

Egenhofer 等（1994a）认为一致性是指与现实世界的模型不存在任何逻辑上的冲突，它必须与数据正确性区分开来，数据正确性是指与现实世界不存在任何冲突。由于目前对空间数据的一致性研究多集中在拓扑关系方面，因此也有学者用等价性、相似性等术语来定义这一概念。例如，João 在其博士论文中的定义，等价性是指目标数据保持原始数据的所有性质不变，而相似性是等价性的一种派生（Carvalho，1998）。他认为 100%的相似即为等价。笔者认为等价性是具有一致性的，但相似程度低并不意味着就是不一致。它与空间数据所处的尺度层次及几何形态有关。

多尺度空间数据的一致性是指多尺度空间数据处理模型没有逻辑上的矛盾，它包含了两层含义，一是数据模型与现实世界模型间不存在逻辑上的矛盾，二是不同尺度的空间数据间在属性、图形拓扑关系及语义等方面保持其重要特征不变。

在该定义的两层含义中，第一层含义是潜在的，它是所有地理空间数据都应该具备的，第二层含义是多尺度空间数据必须具备的，它是提供实用高质量多尺度空间数据的关键。分析多尺度空间数据的一致性可以看出一致性具有抽象性、多义性和上下文相关性的特征。

一致性是抽象的，它的含义取决于所附加的约束。例如，对于线要素来说，其一致性约束包括避免自身重叠、避免自交、避免小锯齿等；对于某一类要素来说，要保持多边形间的对比、保持分类的类别并避免线的相交等。由此可见，对于多尺度空间数据的一致性也只是抽象定义了它的逻辑一致性要求，而没有规定一致性的具体内容，在数据的一致性评价中，需根据数据的特征和所附加的约束来判定。

广义的一致性具有多重含义，如数据模型与真实世界间的一致性、逻辑模型与数学模型之间的一致性、同一地理实体不同表达模型之间的一致性、数据组织结构中的一致性、数据查询结果的一致性，以及用户设计接口的一致性等。可见在地理信息系统的不同层次上都体现了一致性，按照一致性的内容来区分可以主要分为空间结构一致性、语义一致性等；按照一致性所处的层次可以分为：数据模型内的一致性、数据模型间的一致性、运行时的一致性等。由于多尺度空间数据一致性包括多个侧面，不同尺度的空间数据不可能在所有侧面都保持同等程度的一致性，有可能两个尺度模型在某一个方面的一致性较高，而在另一个方面的一致性可能很低。因此，在分析和评价多尺度空间数据的一致性时，不必追求其完全的一致性，需根据应用目的和用户的偏好，着重研究某些方面的一致性，而忽略其他方面的一致性。

一致性是上下文相关的，它受地理空间信息的应用目的和运行环境的差异而有不同的内涵。因此，一致性应该在特定的环境下进行评估而不能抽象地、脱离实际运行环境来讨论一致性问题。例如，在制图综合研究初期，地理空间信息应用主要以地图生产为目的，对空间数据的一致性要求多为几何结构和图面布局方面的，而随着按需制图综合概念的兴起，空间数据在语义上的一致性也逐渐引起了学者的关注。在互联网技术成熟并广泛应用的今天，地理信息服务也得到了空前的发展，为不同应用领域提供多元化、个性化和可定制的服务是其发展的目标。不同应用领域和不同的用户对空间数据的要求不同，在对空间数据进行一致性评价时关注的焦点也会有所不同，因此，一致性评价应该考虑其应用目的和环境，合乎上下文的一致性评价才是真实有效的。

空间数据的一致性是影响多尺度空间数据质量的重要因素之一，了解并分析多尺度空间数据间不一致产生的原因，可以为空间数据更新和制图综合提供指导，并能有效改正数据错误。多尺度空间数据之间不一致的表现有多种，例如，不同尺度数据表达的不同、同一时间点上同一地理实体表现为不同的空间要素、数据误差和错误等。造成这些数据不一致的原因也有所不同，不同尺度数据表达的不同是由于地图显示的需要对不同尺度的数据采用不同的形式来表达，在不同尺度间没有保持空间数据的重要特征被视为不一致的表达，在两个不相关联的空间数据库中，对同一地理实体进行独立的表达，也会造成这种表达的不一致；同一时间点上同一地理实体表现为不同的空间要素通常是由于数据更新造成的，如果现实世界中的某一地理实体发生了变化，这一变化在某一空间数据集上进行了同步更新，而在另一空间数据集上没有反映则会造成这种不一致的现象；数据误差是由于数据采集精度限制和数据处理而产生的，在一定限度内的误差是允许的，因此而产生的数据不一致可以忽略，但数据错误是由于人为原因造成的，它会直接影响空间数据的质量，在进行一致性评价时要注意找出由于数据错误而造成的不一致，并及时对数据进行改正。

4.1.2　一致性描述的层次

由于一致性的抽象性、多义性和上下文相关性的特征，对空间数据一致性的理解会有不同层次的内涵。例如，以地图显示和生产为目的的制图综合强调地理要素在图面表达方面的一致性，地理要素在几何形态和空间结构上的一致性是其关注的焦点；在网络地理信息服务的应用中，主要的实现目标是空间数据的共享和互操作，空间数据在语义上的一致性是其关注的主要内容。因此从一致性的研究的内容来看，它具有不同的层次：几何一致性、方位一致性、拓扑一致性、语义一致性等。从空间数据的抽象和存储角度来考虑，一致性又分为逻辑一致性和物理一致性两个层次。不同尺度的空间数据在物理上的一致性几乎为零，因此对多尺度空间数据一致性的研究多指在逻辑上的一致性。从数据操作的过程来划分，一致性又可分为数据表达一致性、查询一致性和更新一致性等。

从一致性适用的范围来划分，我们可以从 3 个层次上讨论多尺度空间数据之间的一致性：单一尺度空间数据的一致性、同一空间要素不同尺度表达之间的一致性、不同尺度空间数据之间的一致性。其中单一尺度空间数据的一致性是基础，对于多尺度空间数据来说，每一尺度上的空间数据都是单一尺度的，保证单一尺度空间数据自身的一致性是分析多尺度空间数据一致性的前提。同一空间要素不同尺度表达之间的一致性分析仅针对单个空间要素进行，它是多尺度空间数据一致性评价的最小单元。不同尺度空间数据之间的一致性不仅要保证单个空间要素不同尺度表达之间的一致性，还必须保持数据集之间的整体特征不变。这 3 个层次之间的一致性要求越来越高，一致性层次也逐步深入，可以表达为：单一尺度一致性 < 同一要素不同表达间一致性 < 不同尺度空间数据一致性。

不同的用户需求和不同应用类型需要维护多尺度空间数据不同层次的一致性。例如，多源、多尺度空间数据之间的一致性一般只需要且只能维持数据的逻辑一致性，而不可能保持物理一致性；在进行多尺度空间数据分析统计时，需要维护数据查询的一致性，而在数据浏览时只需保持地图要素的几何一致性。

4.1.3 一致性度量

尽管一致性对于多尺度空间数据的重要性不言而喻，但在实际应用中很少由对多尺度空间数据一致性的定量描述。典型的情况是，人们经常简单地判定为不一致、一致，或使用一致性高、一致性低之类的定性术语来描述一致性。这种缺少直观的定量的一致性描述，在许多情况下不能令人满意。

同一地理实体不同尺度数据模型之间的一致性几乎为零，因此在研究分析中常用数据模型的相似程度来表达它们之间的一致性。对于多尺度空间数据的一致性评价，引入一致性度量来描述不同尺度空间数据间的一致程度，简称为一致度。

一致度是指多尺度空间数据之间的一致程度。根据用户需求可以给出不同的一致度定义。不同尺度空间数据之间的一致性可以从多个方面进行度量，最后得出综合一致性度量。

设 D_S和 D_S'分别表示两个尺度 S 和 S′的空间数据集合，C（D_S ，D_S'）为数据集合 D_S和 D_S'之间的一致性度量，C（D_S，D_S'）满足以下条件：

1）$0 \leqslant C(D_S, D_S') \leqslant 1$；

2）$C(D_S, D_S') = C(D_S', D_S)$；

3）If $C(D_S, D_S') = 1$，then $D_S = D_S'$；

由于不同尺度空间数据之间的一致性可以从多个方面进行度量，在比较不同尺度空间数据之间的一致度之前，我们需要确定一致性度量的元素，这些元素是一致性评价的指标，称为比较元。我们不需要使用所有的比较元来度量不同尺度空间数据之间的一致性，而只需要根据应用目的和用户需求来选择感兴趣的元素进行度量即可。

不同尺度空间数据间的一致度 C（D_S，$D_{S'}$）是与尺度 S 和 S'之间的尺度差相关的，空间数据的尺度差别越小，同一空间要素不同表达之间的相似性就可能越高，所需要维护的一致度要求就越高。因此，度量不同尺度空间数据之间的一致度也可以用尺度间的“距离”来表示：尺度差别大的，距离就远，一致度较低；尺度差别小的，距离就近，一致度较高。

4.2　多尺度空间数据一致性分类

多尺度空间数据一致性具有多义性特征，在对不同尺度空间数据进行一致性评价时也可以从多个方面进行度量。为了深入分析多尺度空间数据一致性的研究内容，将从研究内容、研究对象及对象的抽象方式等 3 个方面来进行分类介绍。

4.2.1　基于内容的分类

从多尺度空间数据一致性研究内容来看，主要包括空间数据在空间（几何）、语义和时间关系方面的一致性。这是根据空间数据的特征来进行的分类。

1. 空间一致性

空间一致性是指多尺度空间数据在几何及空间结构特征的保持，对于重要的特征在概略尺度和详细尺度上应该一致。空间特征是地理空间数据的本质特征，因此在多尺度空间数据的一致性研究中，空间一致性是主要内容，它包括空间位置一致性、空间目标一致性和空间关系一致性等（Jones and Kidner，1996）。

（1）空间位置一致性

空间位置是地理实体的自然特性，地理实体必须用特定的坐标系进行描述，在该坐标系中，当表达地理实体的坐标完全匹配时可以认为这两个空间实体是匹配的；当两个地理实体在不同的坐标系统中进行表达时，可以进行相应的坐标转换来判定其坐标值是否匹配。

（2）空间目标一致性

如果两个不同尺度空间数据集合中的每一个空间目标都满足下面的等价性，则可以认为它们是目标一致的：①目标存在等价性，是指在一个尺度中存在的目标类型和实例在另一个尺度中也存在；②目标维数等价性，是指一个尺度中的空间目标几何形状的维数与另一个尺度中相应目标的维数保持等价；③目标形状等价性，是指两个尺度中相应的空间目标的形状保持等价；④目标大小等价性，是指两个尺度中相应的空间目标有相似的大小；⑤空间细节等价性，是指两个尺度中相应目标的空间形态特征，特别是在一些细节上是一致的。这些等价类并不是相互排斥的，很多情况下是相互隐含的，例如，位置等价性隐含着另外的任何一种等价性，形状和大小等价性隐含着维数等价性，所有的等价性类别都隐含着存在等价性等。

（3）空间关系一致性

空间关系是空间实体间最基本也是最重要的特征之一。根据空间关系的不同类型，其一致性主要有以下 3 种：①拓扑等价性，如果两个尺度中所有对应的空间目标生成的拓扑关系是相同的，则认为它们是拓扑等价的；②方位等价性，如果两个尺度中的对应的空间目标之间的相对方向关系是相同的，则认为它们是方向等价的；③相对大小等价性，如果两个尺度中相应目标之间的相对大小关系保持相同，则认为它们是相对大小等价的。其他的空间关系等价性可以类似地定义。目前对空间关系一致性的研究多集中在拓扑关系上，而对方位一致性的研究不多。然而对于某些实际应用来说，空间要素在方位上的一致性较拓扑一致性更为重要，因此，笔者认为多尺度空间数据的空间关系一致性研究不应局限于拓扑关系，还应结合空间方位关系进行综合考虑。

与在单一尺度上维护空间对象的空间一致性有所不同，多尺度一致性约束的基本思想是维护不同尺度上共同的空间结构特征。详细尺度上的空间结构在概略尺度上仍应保持，而在概略尺度上的空间结构必须包含在详细尺度的空间结构之内。对几何特征来说，上下尺度间空间对象几何特征应该一致，详细尺度上的总体几何特征在概略尺度上应该保持，而在概略尺度上的几何特征如关键的点、线特征必须在详细尺度上是存在的。

2. 语义一致性

从多尺度空间数据一致性研究历程来看，多尺度空间数据的一致性一直只注重空间一致性的研究，因为地理信息的表达也主要集中在空间要素及其空间关系上，对语义的研究相对薄弱，地理信息语义常常被简单片面地理解为空间要素的属性信息。近年来随着随着认知科学、知识工程等相关领域的不断发展，以及引入本体方法解决地理信息共享、互操作、空间决策支持等问题，空间要素的语义受到了越来越多的重视，对空间数据语义一致性的研究也随之产生。

多尺度空间数据的语义一致性就是在不同尺度的空间数据中保持空间目标的属性特征不变性，例如，在一个空间数据集中的建筑用地在另一个空间数据集中不能表示为农用地。语义不一致产生的根本原因首先在于从现实世界到地理信息世界的抽象过程中，不同领域的专家受文化背景和专长的影响，对相同地理现象往往会产生不同的认识，这也是地理空间多尺度表达的根本原因。其次，地理信息的应用具有明显的地域性和专题性。不同的地理信息系统应用往往针对不同的地理区域进行，在从现实地理世界到具体的项目世界的抽象过程中，它们将本来就存在不同认知的概念抽象模型又划分为独立的项目世界子集，在不同的子集之间语义的差异被扩大化，因此不同行业的地理信息系统对同一地理概念的解释存在很大差别。这种差别的存在，以及从现实地理世界到具体项目世界抽象过程和映射关系的缺失给不同地理信息系统的集成与互操作带来了困难。语义不一致根据其成因可以相应地分为由于认知不同造成的不一致，以及由于不同表达（命名）造成的不一致。不同表达造成的不一致是指对相同的地理对象采用了不同的名称或术语来定义，该情况多存在于不同领域的术语之间，通过建立对应地理对象名称之间的映射关系可以解决；而认知的不一致是对同一地理现象的不同理解和概念化，在不同部门、用户之间往往存在着认知差异，利用本体能在部门与部门，以及个人与个人之间形成一定程度的共同理解，并在此基础上实现相应的分析和应用，从而实现空间信息在语义上的互操作。

随着 GIS 和互联网技术的发展，对不同的地理信息系统之间集成和互操作的要求越来越迫切，因此，如何把不同应用目的、不同领域的地理信息系统在语义上集成起来就成为一个急待解决的问题。为了增加多尺度地理信息系统实用性和灵活性，多尺度空间数据库的构建应当充分考虑地理要素的语义一致性，这样既可以最大程度上减小数据冗余，还可以进一步保证不同尺度数据之间的一致性，提高空间数据的质量。

3. 时间一致性

时间特征是空间数据的重要特征之一，每一个地理对象或过程都有其存在的时间周期，我们称为地理要素的生命周期，它反映了地理对象的变更情况，旧的对象被替代成为历史，新的对象出现并持续存在。随着时态 GIS 应用的日益广泛，地理对象的时间特征越来越受到学者的重视，并进行了大量的相关研究。在多尺度空间数据模型中，时间尺度是在多尺度空间数据的重要尺度之一，在多尺度空间数据的一致性研究中，对时间尺度上的一致性也应该予以重视。

多尺度空间数据的时间一致性是指进行一致性评价的不同尺度的地理要素在某一时间点上同时存在，以避免对不同时间周期上的地理要素进行比较。地理要素的时间不一致主要是由于现实世界地理对象的变化引起的，同时也受时间粒度、精度等因素的影响。在现实世界中发生变化的地理对象不是第一时间被检测并录入数据库中，它受地理信息采集周期的影响，并且在不同的行业和具体应用中采用的周期也会不同，因此对于发生变化地理对象记录的变更时间也会有所不同。在时间数据库中有一对基本概念是世界时间和数据库时间，世界时间指的是地理对象在现实世界中实际发生变化的时间，一般情况下世界时间等于数据采集时间，而数据库时间是指在数据库中记录该地理对象变化的时间，又称为系统时间。这两个时间概念的存在也造成空间数据在时间上的不一致，世界时间的计时单位与数据库时间的计时单位在大多数情况下尺度不吻合，例如，数据库时间的计时单位为秒，而地理对象变更的世界时间常以天来计算，即使它们的计时单位相一致，由于数据采集与数据库录入过程需要一定的时间，数据库时间相对于世界时间常存在一定的滞后。

时间尺度与空间尺度间存在一定的联系，因此时间的不一致会影响空间的一致性评价。例如，对地块合并变更前后的空间要素进行一致性评价时，空间要素的几何形态发生了很大变化，它们在几何形态和拓扑关系上存在着不一致，这种情况的一致性评价是没有意义的，在实际应用中应该避免。如果地理对象发生属性变更，则空间要素时间的不一致同样也会影响语义的一致性评价。

4.2.2 基于对象关系的分类

基于对象关系的分类是根据一致性研究对象之间的关系来划分的，对于多尺度空间数据的一致性研究的对象来说，可以是不同尺度下同一要素，或是同一尺度下不同要素，也可以是两种情况的综合运用，即不同尺度下的整个要素集作为研究对象。

（1）同一要素不同尺度表达之间的一致性

空间数据的多尺度表达是根据实际应用和用户的需要对同一地理实体采用多种形式表达，因此，多尺度空间数据一致性评价最基础的内容就是判断同一地理要素不同尺度表达之间的一致性，它也是最小的多尺度空间数据一致性判定元。对同一要素不同尺度表达间一致性比较的内容主要是它们的几何形状、拓扑关系、特征结构及语义等方面，由于是对单一要素进行的一致性比较，情况相对简单。

（2）同一尺度下不同要素之间的一致性

在进行单一尺度空间数据一致性判断时要保证不同要素之间在几何形状、拓扑关系等方面不存在冲突和错误，这些冲突和错误的检测包括图形表达方面的，如要素不能自相交，同一图层上的面状要素不能重叠等，还包括上下文语义和逻辑方面的，如路边建筑物应与道路平行不能相交，道路网应保持其连通性等。这些也是数据质量检测的主要内容。在进行多尺度空间数据一致性判定时它通常被作为隐含的标准，是对不同尺度空间数据一致性比较的前提和基础。

（3）不同要素不同尺度表达之间的一致性

不同尺度下不同空间要素之间的一致性判断情况比较复杂，而且通常不能直接进行比较，需要经过一定的转换或通过间接关系进行比较，主要考察该要素与其他要素之间的拓扑、语义关系等特征是否保持不变。因此，同一要素不同尺度表达之间的一致性，以及同一尺度下不同要素之间的一致性是其判定的基础。

4.2.3 基于对象抽象方式的分类

在空间数据多尺度表达中，较大尺度上的某一地理对象可能是由较小尺度上的一个或多个地理对象抽象得到的。对于不同的尺度，地理对象的抽象方式不同，对应的抽象结果也不同。研究不同尺度空间数据之间的一致性要从最基本的对象抽象方式开始，保证地理对象在抽象过程前后的地理特征不变。

在多尺度空间数据一致性研究中，我们将空间目标的抽象方式主要分为：渐变、合并和目标维数变化等。

1. 渐变抽象过程中的一致性

在渐变抽象过程中，空间目标保持主要的几何结构和属性特征不变，只是局部细节部分进行了一些简化，例如，线状地物、面状地物特征点的减少，锯齿状的线状地物变得平滑，面状地物的局部突起或凹陷消失等，但空间目标的几何维数保持不变。因此，对渐变抽象过程中的一致性判断主要考察变化前后空间目标的主要结构和属性特征是否保持不变，重要的特征点是否保持一致。

2. 合并抽象过程中的一致性

合并过程是将两个或多个空间目标变为一个空间目标的过程，这意味着在一个尺度上存在的空间目标在另一个尺度中不再以独立的个体表达，两个或多个空间目标的属性也将进行合并。合并意味着较小的空间目标消失，较大的空间目标变得更大或保持不变，其属性更加概略，从而突出合并目标的共同特征，而与数值有关的属性如面积、长度等应为所有合并目标该值的总和。

3. 空间目标维数发生变化时的一致性

当空间目标抽象过程发生的比例尺跨度较大时，会导致其几何图形的维数发生变化。例如，长而窄的河流在详细尺度上表达为面状实体，而在概略尺度上由于线宽的限制被表达为线状实体；在详细尺度上表达为面状实体的旅游景区，在概略尺度上可能浓缩表达为一个点状实体。空间目标维数发生变化的抽象过程对于其一致性判断比较复杂，其几何结构特征发生了明显变化，原有的特征点几乎完全被重新生成的特征点替代。因此，对其一致性评价主要考察变化后的空间目标是否反映了变化前目标的主体特征，与周围空间目标的拓扑关系是否保持不变，如线是否为带状多边形的中轴线，相邻的多边形在其发生变化后是否仍与之保持相邻关系等。

4.3　多尺度空间数据一致性评价标准

人类在一定时间内接收的空间信息量是一定的，其从空间范围和尺度的总积是不变的：空间范围越广，其包含的空间对象的细节越粗略、越概括；反之亦然。换句话说，空间广度和尺度在一定程度上是成反比的。同样，地图（电子地图）的图面负载量也是固定的。物理的限制（纸张、屏幕、视野范围等）决定了表达的空间范围，由于空间的限制需要根据应用目的和用户喜好在不同尺度上表达空间对象。因此，除了制图综合中常用的一些几何和结构约束条件外，对不同尺度空间对象之间的一致性评价也会受物理、心理、应用目的等因素的影响而产生不同的结果。

4.3.1 相关影响因素

多尺度空间数据的一致性评价包含许多方面，如不同尺度空间要素表达的一致性，语义的一致性等，其中空间要素的表达是主要因素，它直接影响空间数据的质量和用户的使用效果。同时不同尺度的地理空间数据也受人的感知能力的限制，其中包括人的喜好和选择。在分析地理现象时没有统一的标准来确定相应的尺度，所以尺度也就随人的感知而存在并发生变化。因此，人类的需求也成为影响多尺度空间数据一致性的关键。笔者将多尺度空间数据一致性评价的影响因素分为两类，一类是与空间数据图形表达相关的因素，一类是与用户需求相关的因素。

空间数据图形表达为了保持其可辨认性、逻辑一致性和结构整体性，需要满足相关的约束条件，在制图综合的相关研究中对这些约束条件进行了分类，主要包括：图形约束、拓扑约束、结构约束和格式塔约束等（Weibel and Dutton，1998）。

（1）图形约束

图形约束由要素的特征部分和符号的几何属性引起，主要规定了基本尺寸和其邻近属性（如距离等）。典型的如单个要素的最小尺寸、最小宽度和最小长度；复合要素之间的最小距离等。图形约束便于量化处理，其约束值获取算法相对也比较成熟。

（2）拓扑约束

拓扑约束确保了不同尺度要素之间的基本拓扑关系不变，如连通性、包容性、邻近度等。拓扑约束中最简单的是对于单个要素自相交的约束。当是复合要素综合时，拓扑约束相对比较复杂，甚至是指一些通过分析才能获取的空间特征的保持。例如，当道路网中某些连接点删除时，一些隐含的连接关系仍然需要保留，道路两边的实体要素应该继续在两侧正确的位置上，不应该错边或被覆盖。

（3）结构约束

结构约束主要强调综合前后结构化特征的保持。对于单个要素而言，结构约束主要是指形状的保持，如线的弯曲、面的凸凹等。对于复合要素而言，结构约束主要是指要素分布特征的保留，如建筑物的排列方式，点状居民地的分布，河网的结构特征等。结构识别是制约制图综合发展的一个难题，目前仅仅能够对于如点状要素的分布、线和面要素的图形结构进行简单的识别和判断。

（4）格式塔约束

格式塔约束主要考虑地图的载负量，综合后地图的表达等因素。例如，综合后的地图是否符合美学等要求。格式塔约束涉及美学、人的心理感知等一系列相关科学，因此研究还处于空白阶段。

人类需求相关因素也是影响多尺度空间数据一致性评价的重要方面。随着计算机技术发展及网络服务的出现，对于用户定制应用程序及个性化服务的需求越来越高，用户的需求及个人喜好成为影响多尺度空间数据及其服务质量的重要因素之一。对于人类需求相关的影响因素，我们划分为两类：应用目的和用户偏好。

应用目的反映了地理信息的适用性，是其数据组织的重要依据。不同的应用对于数据的要求不同，如城市交通旅游图突出表达道路方位信息及重要的标志性建筑，对于建筑物的几何形态、构造、权属信息不太关注；而农村土地利用现状图对于土地利用图斑的几何形态、利用类型、权属和面积等信息都要表达。因此，在进行多尺度空间数据一致性评价时，对于不同应用目的其评价的内容和侧重点有所不同，不能一概而论。

用户的个人偏好反映了一个人的个性。能满足用户偏好的空间数据及其服务比传统的地理信息服务更加人性化，能给予用户更多的选择。例如，对于城市交通数据，汽车司机关心所有的汽车道信息及其连通情况，而市政部门人员关心道路及其相关的基础设施情况。

如上所述，多尺度空间数据的一致性评价是一个复杂的过程，受多种因素的影响，传统的一致性评价通常只针对空间数据在几何拓扑上的一致性进行，而且大多只采用单一的标准，笔者认为多尺度空间数据的一致性评价不应局限于单一的评价标准，应综合考虑多因素影响并结合应用目的、用户需求等上下文环境，体现一致性评价的“面向需求”特征。

结合多尺度空间数据一致性评价的相关影响因素，以及地理空间表达的广义尺度框架，主要研究多尺度空间数据在拓扑、方位、结构、语义、时间及需求相关因素方面的一致性。

4.3.2　拓扑一致性评价

在多尺度空间数据表达中，较大的尺度上的空间目标是通过对较小尺度上的对应目标进行不同的空间抽象操作，如化简、删除、聚合等而得到的，因此抽象前后数据集中的空间目标个数会发生变化，同时空间目标的几何形态及其拓扑关系也会发生改变。要评价不同尺度空间数据之间的拓扑关系是否保持一致，首先必须评价不同尺度数据集中对应空间目标之间的存在的拓扑关系是否一致。

进行空间目标抽象时所采用的抽象方法不同，其抽象结果及新产生的拓扑关系也会不同，因此，我们根据不同的情况来分析抽象前后空间目标之间的一致性。

4.3.2.1　空间目标维数不变时拓扑一致性

在简化或渐变抽象过程中，空间目标的个数不会发生变化，不同尺度上对应空间目标之间的拓扑关系根据空间目标几何类型的不同会有所不同，其拓扑一致性的判定方法也有区别。

1. 点状空间目标拓扑一致性

对于点状空间目标，它是平面图形化简的极限，两个点状空间目标之间的拓扑关系只有相离和相等两种，两个相离的点状空间目标经过抽象后可能存在的拓扑关系为相离或相等，此时其拓扑一致性的评价即为两个点状空间目标在抽象后是否仍保持相离关系。在抽象过程中，两个点状空间目标是否需要保持相离关系需要根据它们之间的距离及抽象后的尺度来判断。当然，在实际应用中还需要考虑点状空间目标的语义特征和其重要程度，如果两个点在语义上比较重要，即使它们之间距离比较小，在抽象后也必须保持相离关系。这就需要综合考虑一致性评价的各相关因子，将在 4.3.7 节详细论述。

点状空间目标与线状空间目标之间的拓扑关系通常有相离、点在线上、点在线端点上 3 种。如果点状空间目标与线状空间目标之间是相离关系，则抽象后可能的拓扑关系为相离、点在线上或点在线端点上。这时要根据点-线之间的距离、位置关系及抽象后尺度来确定抽象后的拓扑关系。对于点在线上及点在线端点上的情况拓扑关系在抽象前后应该保持不变。

点状空间目标与面状空间目标之间的拓扑关系通常有相离、点在面的边界上、点在面内部 3 种，在一些文献中也有将点在面边界上的情况细分为点与面外切，如邻街的独立房屋（表达为点）与街道的拓扑关系，以及点与面内切两种，这些都是综合了要素语义信息的结果，从空间目标在图面上的拓扑关系表达来看它们是相同的，在本书中都归为点在面的边界上这种情况。如果点状空间目标和面状空间目标之间为相离关系，则抽象后可能存在的关系为相离和点在面的边界上，拓扑关系的确定需要根据点和面的距离及抽象后尺度来判断。如果点和面之间拓扑关系为点在面内部，则抽象后可能存在的拓扑关系为点在面内部和点在面的边界上两种，确定拓扑关系的判断方法与相离关系的相同。点在面边界上的拓扑关系在抽象过程前后应该保持不变。

点状空间目标与其他类型空间目标间拓扑关系，以及抽象前后拓扑关系的变化情况如表 4-1 所示。

2. 线状空间目标拓扑一致性

地图中的线状空间目标通常表达一定宽度的道路、河流等地理对象，它与地图的比例尺有关。由于线状空间目标通常由 2 个以上的点连接而成，形态复杂多样，因此两个线状空间目标之间的拓扑关系十分复杂，根据不同的拓扑表达模型也有不同种类的拓扑关系，如根据 4-交集模型可以确定 16 种线-线拓扑关系，而 9-交集模型则可确定 33 种线-线拓扑关系。用较通用的拓扑关系名词来表达，线

表 4-1　点状空间目标抽象前后对应的拓扑关系

空间目标	拓扑关系	抽象后可能存在的拓扑关系
点-点	相离	相离、相等
	相等	相等
点-线	相离	相离、点在线上、点在线端点上
	点在线上	点在线上
	点在线端点上	点在线端点上
点-面	相离	相离、点在面的边界上
	点在面的边界上	点在面的边界上
	点在面内部	点在面内部、点在面的边界上

状空间目标之间的拓扑关系通常有相离、相接（一条线的端点在另一条线上）、相交、相切、相等及包含等，其中相交和相切根据重叠部分的几何维数，以及重叠长度与位置的不同存在多种情况，如图 4-1 和图 4-2 所示。图 4-1A 表示两条线相交于线上一点，图 4-1B 表示两条线相交部分为线段，且线段在线内部，图 4-1C、D 表示两条线相交部分为线段，且线段的一个端点与其中一条线的端点重合。图 4-2A 表示两条线相切于线上一点，图 4-2B 表示两条线相切部分为线段，且线段在线内部，图 4-2C、D 表示两条线相切部分为线段，且线段的一个端点与一条线的端点重合。线状空间目标之间相交与相切的情况远不止示例中简单，当相交成分的数量大于 1，且存在不同维数的相交成分时情况会变得相当复杂，郭庆胜教授对线状目标间拓扑关系的等价转换方面做了很多研究（郭庆胜等，2006b），在此不详细区分线相交或相切成分间的复杂情况，而用符合人类空间关系认知的拓扑关系谓词来描述，并分析可能存在的一致性。

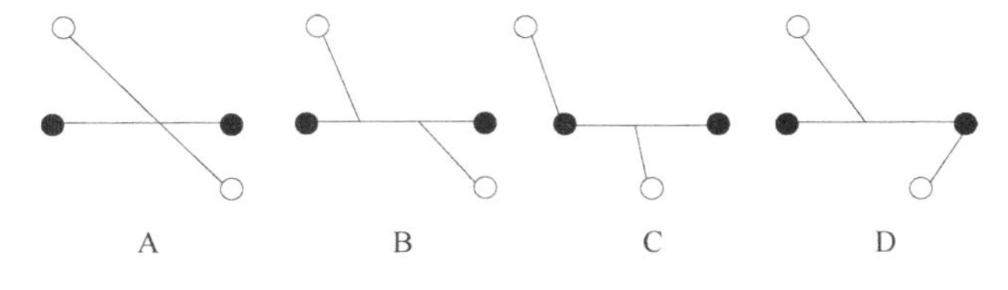

图 4-1　两条线相交存在的拓扑关系

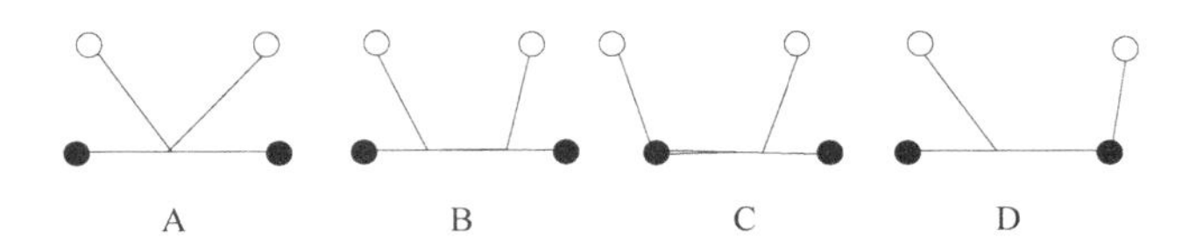

图 4-2　两条线相切存在的拓扑关系

如果两个线状空间目标的拓扑关系为相离，则抽象后的拓扑关系可能为相离、相接或者相切。例如，两条道路在其中某段上平行且距离较近，则抽象为一定尺度上的两条线状空间目标时，它们的空间关系可能为相切。因此，相离的线状空间目标抽象后一般保持相离、相接或者相切关系，其中相接和相切都在特殊条件下才存在，即相离的两个线状空间目标的延长线相交，且线端点到另一条线的最近距离小于某一阈值，则抽象后它们会变成相接关系；若两个线状空间目标或其中某段保持近似平行关系，且距离小于某一阈值，则抽象后它们会变成相切关系。

两个相交的线状空间目标如果相交于一点，则抽象前后拓扑关系必须保持相交于一点不变；如果两个线状空间目标相交部分为线段，则抽象后有可能相交于一点或线段，图 4-1B 中两条线抽象后可能的拓扑关系为（A）或（B），图 4-1C、D 中两条线抽象后可能保持原来的拓扑关系或为相接关系。

两个相切的线状空间目标如果相切于一点，则抽象前后拓扑关系必须保持相切于一点不变；如果两个线状空间目标相切部分为线段，则抽象后有可能相切于一点或线段，图 4-2B 中两条线抽象后可能的拓扑关系为（A）或（B），图 4-2C、D 中两条线抽象后可能保持原来的拓扑关系或为相接关系。

两个相接、包含或相等的线状空间目标在抽象前后应保持原来的拓扑关系不变。

由于线状空间目标形态的多样性，线状空间目标和面状空间目标之间的拓扑关系也比较复杂，且用不同的方式来描述得到的结果不同，如 Mark 和 Egenhofer 在关于拓扑关系几何描述与自然语言谓词之间对应关系的实验中，根据测试结果主要产生了两组描述对应关系，其中第二组中的谓词更接近于人们对拓扑关系的习惯表达（Mark and Egenhofer，1994）。根据该分组方法，线状空间目标和面状空间目标之间主要存在 6 种基本拓扑关系：线在面外部、线的端点或内部在面的边界上而与面内部不相交（简称为外接）、线在面边界上、线的端点或内部在面的边界上且与面的内部相交（简称为内接）、线在面内部、线与面相交。其中除线在面外部、线在面边界上和线在面内部的情况可以唯一确定外，其余几种拓扑关系都根据相交或重叠成分的不同而有不同的情况，如外接就包括线的一个端点在面边界上、线的内部一点在面边界上、线的两个端点都在面边界上、线内部的一段在面边界上等多种情况。在此只针对线-面交集成分单一的情况，交集成分为多个且成分维数不同的情况可以根据成分单一的情况进行推理。

如果线状空间目标与面状空间目标之间的拓扑关系为线在面外部，则抽象后可能的拓扑关系为线在面外部、外接或线在面边界上，如果线平行于面边界的一段，且距离较近，则抽象后的拓扑关系可能为线在面边界上。其他拓扑关系在抽象前后变化的对应关系如表 4-2 所示，相交、外接和内接这 3 种拓扑关系虽然抽象后仍表示为原来的拓扑关系，但其中的一些细部会发生改变，如外接中线内部的一段在面边界上的情况，如果重叠的部分比较小就有可能抽象为线的两个端点在面边界的情况，在此不详细讨论。

表 4-2　线状空间目标抽象前后对应的拓扑关系

空间目标	拓扑关系	抽象后可能存在的拓扑关系
线-线	相离	相离、相接、相切
	相接	相接
	相交于一点	相交于一点
	相交部分为线段	相交于一点、相交部分为线段、相接
	相切于一点	相切于一点
	相切部分为线段	相切于一点、相切部分为线段、相接
	包含	包含
	相等	相等
线-面	线在面外部	线在面外部、外接、线在面边界上
	外接	外接、线在面的边界上
	线与面相交	线与面相交、内接、外接、线在面边界上
	线在面的边界上	线在面的边界上
	内接	内接、线在面的边界上
	线在面内部	线在面内部、内接、线在面边界上

线状空间目标与其他类型空间目标间拓扑关系，以及抽象前后拓扑关系的变化情况如表 4-2 所示。

3. 面状空间目标拓扑一致性

两个面状空间目标之间的拓扑关系由于描述方法的不同也有不同的结果，被人们广泛接受的拓扑关系主要有相离、相邻、相交、覆盖/被覆盖、包含/被包含、相等 6 种。

如果两个面状空间目标之间的拓扑关系为相离，则抽象后可能的拓扑关系为相离、相邻。拓扑关系的确定取决于面状空间目标之间的距离，如果分属于两个面的两条边平行且距离小于某一阈值，则抽象后的拓扑关系为相邻，平行的两条边抽象为两个面状空间目标的公共边。如果两个面状空间目标之间为相邻、相等拓扑关系，则在抽象前后应该保持原来的拓扑关系不变。相交、覆盖和包含在抽象之后应保持的拓扑关系要根据两个面状空间目标相交部分的面积大小来确定。

面状空间目标之间拓扑关系及抽象前后拓扑关系的变化情况如表 4-3 所示。

表 4-3　面状空间目标抽象前后对应的拓扑关系

空间目标	拓扑关系	抽象后可能存在的拓扑关系
面-面	相离	相离、相邻
	相邻	相邻
	相交	相交、相邻、覆盖、相等
	覆盖	覆盖、相等
	包含	包含、相等、覆盖
	相等	相等

4.3.2.2 空间目标聚合时拓扑一致性

在空间目标的抽象过程中，聚类是将在空间分布上彼此邻近的，在属性特征上相同或相近的空间目标群抽象为一个大的空间目标的操作。因此，进行聚合操作的空间目标群通常都是几何类型相同的，根据几何类型来划分，空间目标的聚合分为点状空间目标群聚合、线状空间目标群聚合，以及面状空间目标群聚合 3 种，其中用得最多的是面状空间目标群聚合。

1. 面状空间目标群聚合的拓扑一致性

在较大尺度上大多数地理对象都以独立空间目标的形式存储在空间数据库中，随着尺度的缩小，空间目标之间的距离在缩小，当间距小于一定阈值时，与之邻近的空间目标可以进行合并。例如，在较大尺度上小区里的楼栋、绿化带、车道都用面状空间目标单独表示，而在较小尺度上小区可能只用一个面状空间目标整体表示，楼栋、绿化带、车道等对象都被忽略，以体现小区的整体特征。

面状空间目标群聚合后得到的代表性面状空间目标是进行聚合的所有面状空间目标的并集，聚合前面状空间目标群中的所有成员都应被这个聚合后的面状空间目标包含或覆盖，但从空间目标群的结构特征和简化原则考虑，一些面积较小、距离较远或相关度不高的面状空间目标会被舍弃。聚合后面状空间目标的拓扑一致性分析主要包括两个步骤，首先是聚合后新的面状空间目标与其他空间目标之间的拓扑关系一致性，然后是它们之间拓扑关系进行抽象后的一致性，即分析点-面、线-面、面-面拓扑关系，以及它们抽象后的拓扑关系对应。分析方法同 4.3.2.1 节。

2. 线状空间目标群聚合的拓扑一致性

线状空间目标群通常用来表示现实世界中的河流水系、道路网等，这些线状空间目标在群内有等级的区分，如干流、支流、主干道、次干道等，因此，这些线状空间目标群聚合后的线状空间目标通常是对原来目标群的筛选，留下能反映线状空间目标群主体特征的那些对象连成一个通达的线状空间目标，这条线的走向与原来线状空间目标群的主轴一致。聚合前线状空间目标与其他空间目标之间的拓扑关系转化为聚合后线状空间目标与其他空间目标之间的拓扑关系，抽象后的拓扑关系与 4.3.2.1 节讨论的点-线、线-线、线-面拓扑关系相同。

3. 点状空间目标群聚合的拓扑一致性

如果点状空间目标群比较密集且呈一定的特征分布，则可以进行点状空间目标群的聚合。点状空间目标群聚合的情况比较特殊，它并不是用一个点来代表聚合前的点状空间目标群，而是用一个包含它们的面状空间目标来表示点群的聚合特征。这个面状空间目标通常就是点状空间目标群外部轮廓线围成的区域。外部轮廓线的计算方法有很多，在此不详细介绍。确定了点状空间目标群对应的面状空间目标，聚合前点状空间目标与其他空间目标之间的拓扑关系就转化为抽象后面状空间目标与其他空间目标之间的拓扑关系。面状空间目标与其他空间目标抽象后拓扑关系的对应与 4.3.2.1 节中的分析相同。

4.3.2.3　空间目标维数变化时拓扑一致性

现实世界中的地理对象大多数都是有一定面积的实体，可以理解为面状空间目标，这些空间目标在抽象过程中，由于尺度的限制，有些狭长的面状目标被抽象为线，面积比较小的面状目标被抽象为点，因此相应的空间目标与其他空间目标之间的拓扑关系也会发生改变。由于线状空间目标表达的地理实体大多是长度远大于宽度的，长度与宽度接近且面积较小的地理实体会直接抽象为点状空间目标，因此从讨论的实用性出发，不考虑线状空间目标抽象为点状空间目标的情况。

1. 面-面抽象为线-面

两个面状空间目标之间的拓扑关系如 4.3.2.1 中分析的，主要有相离、相邻、相交、覆盖（被覆盖）、包含（被包含）和相等 6 种。面-面抽象为线-面是指两个面状空间目标中的一个抽象为线状空间目标，而另一个仍为面状空间目标。抽象得到的线状空间目标通常为抽象前面状空间目标的中轴线。如果两个面状空间目标在抽象前为相离关系，则抽象得到的线状空间目标与另一面状空间目标也为相离关系。如果两个面状空间目标相邻，则表明它们之间有公共边界，可以抽象为线-面拓扑关系中的外接、线在面的边界上两种。抽象为线在面的边界上的情况比较特殊，如湖边长廊和湖的拓扑关系抽象为线-面关系就可能为线在面边界上；如果两个面状空间目标相交，则抽象为线-面关系可能是相交；如果两个面状空间目标为覆盖关系，则抽象后变为线状空间目标的只能是被覆盖的那个面状空间目标，同时，它们之间可能的拓扑关系为内接；如果两个面状空间目标之间为包含关系，则只能是被包含的那个面状空间目标被抽象为线状空间目标，因此抽象得到的线-面拓扑关系为线在面内部。面-面与线-面之间对应的拓扑关系如表 4-4 所示。

表 4-4　面-面拓扑关系与线-面拓扑关系之间的对应

空间目标变化	抽象前拓扑关系	抽象后可能存在的拓扑关系
面-面 ⇩ 线-面	相离	相离
	相邻	外接、线在面的边界上
	相交	相交
	覆盖	内接
	包含	线在面内部

2. 面-面抽象为点-面

面-面抽象为点-面是指两个面状空间目标中较小面积的那个抽象为点，面状空间目标抽象为点状空间目标后其空间目标内部和边界浓缩为一点，则两个面状空间目标间的拓扑关系也被简化了，原来面-面之间的 6 种可能的拓扑关系，变为点-面之间的 3 种，即相离、点在面边界上与点在面内部。在面-面到点-面的抽象过程中，我们要分析面-面的 6 种拓扑关系与点-面的 3 种拓扑关系之间的对应。

如果两个面状空间目标为相离拓扑关系，则抽象为点-面后的拓扑关系应该保持相离关系；如果两个面状空间目标为相邻拓扑关系，它们之间有公共边界，但内部不相交，抽象为点-面后，若强调它们之间有公共边界的特征，则点-面之间拓扑关系为点在面的边界上，若强调它们内部不相交的特征，则点-面之间拓扑关系为相离，到底抽象为哪种拓扑关系需要根据抽象为点的面状空间目标中心点到公共边界之间的距离，以及地图表达的应用目的、用户喜好等来确定；如果两个面状空间目标为相交拓扑关系，由于被抽象为点的面状空间目标面积相对较小，它们之间相交的部分相对于另一个面状空间目标来说也较小，因此抽象为点-面后拓扑关系也为点在面的边界上；如果两个面状空间目标为覆盖拓扑关系，则被覆盖的那个面状空间目标面积相对较小，如果强调它们的内部相交特征，则在抽象后点-面拓扑关系为点在面的内部，如果强调它们有公共边界，则抽象为点在面的边界上，同面-面相邻拓扑关系的分析，抽象后拓扑关系需要根据相关因素来确定；如果两个面状空间目标为包含拓扑关系，则被包含的那个面状空间目标面积相对较小，它们的内部相交特征在抽象后也应该保持，因此抽象为点-面后拓扑关系也为点在面的内部。由于面-面抽象为点-面的前提是其中一个面状空间目标面积小很多，则不存在面-面相等关系。面-面与点-面之间对应的拓扑关系如表 4-5 所示。

表 4-5　面-面拓扑关系与点-面拓扑关系之间的对应

空间目标变化	抽象前拓扑关系	抽象后可能存在的拓扑关系
面-面 ⇩ 点-面	相离	相离
	相邻	相离、点在面边界上
	相交	点在面边界上
	覆盖	点在面内部、点在面边界上
	包含	点在面内部

3. 面-面抽象为线-线

狭长（长度远大于宽度）的面状空间目标在一定尺度上可被抽象为一维的线状空间目标，狭长的面状空间目标间如果有交集，则抽象为线后的拓扑关系会变得十分复杂，在此我们只讨论面-面交集成分单一的情况，以及面-面拓扑关系常见谓词表达的 6 种拓扑关系与线-线拓扑关系之间的对应。

如果两个面状空间目标之间为相离关系，它们的边界和内部都没有交集，则它们抽象为线-线后也应该保持相离拓扑关系；如果两个面状空间目标相邻，则它们的边界存在公共部分，但根据两个狭长面状空间目标的走向及公共边界所在位置特征，它们抽象为线-线后可能的拓扑关系为相切于一点、相切部分为线段、相接。如图 4-3 所示，A 中两个面状空间目标抽象后的线-线拓扑关系为相切于一点，B 抽象后线-线相切部分为线段，C 和 D 抽象后的线-线拓扑关系为相接；如果两个面状空间目标相交，则抽象后的两条线可能为相交于一点、相交部分为线段、相接，拓扑关系的判断参见两个面状空间目标相邻的情况；如果两个面状空间目标的拓扑关系为覆盖或包含，则表明它们的内部交集不为空，抽象后两条线的拓扑关系为包含；如果两个面状空间目标相等，则抽象后两条线的拓扑关系也为相等。

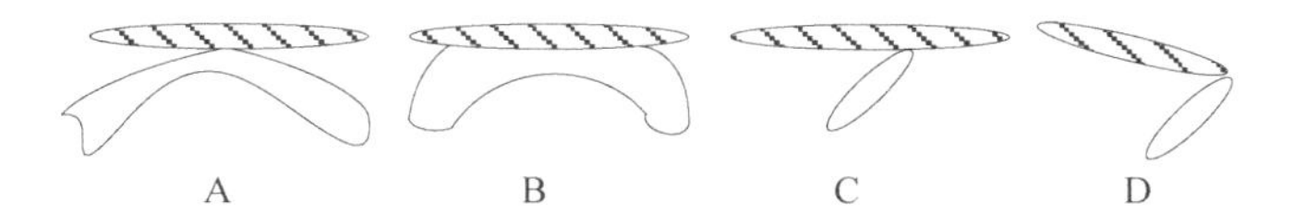

图 4-3　两个狭长面状空间目标相切的不同情况

面-面与线-线之间对应的拓扑关系如表 4-6 所示。

表 4-6　面-面拓扑关系与线-线拓扑关系之间的对应

空间目标变化	抽象前拓扑关系	抽象后可能存在的拓扑关系
面-面	相离	相离
	相邻	相切于一点、相切部分为线段、相接
⇩	相交	相交于一点、相交部分为线段、相接
	覆盖	包含
	包含	
线-线	相等	相等

4. 面-面抽象为点-线

两个面状空间目标，如果一个形状狭长而另一个面积相对较小，则它们在一定尺度上可被抽象为线状和点状空间目标。点状空间目标与线状空间目标之间的拓扑关系如表 4-1 所述有相离、点在线上和点在的端点上 3 种。而两个面状空间目标间的拓扑关系有 6 种，下面来讨论这 6 种面-面拓扑关系与 3 种点-线拓扑关系之间的对应。

如果两个面状空间目标之间为相离拓扑关系，则抽象为点-线后拓扑关系仍为相离；如果两个面状空间目标相邻，则它们有公共边界但内部不相交，抽象为点-线后要根据相交部分的位置，以及是对空间目标边界还是内部特征的保持来进行拓扑关系的判断，可能的拓扑关系为相离、点在线上、点在线端点上 3 种，当抽象为点的面状空间目标在狭长空间目标的两头与之相切时，抽象后的点-线拓扑关系为点在线端点上；如果两个面状空间目标相交、覆盖或包含时，抽象得到对应点-线的拓扑关系都为点在线上或点在线端点上。能抽象为点和线的两个面状空间目标相等不具备实际意义，在此不予讨论。因此，面-面与点-线之间对应的拓扑关系如表 4-7 所示。

表 4-7　面-面拓扑关系与点-线拓扑关系之间的对应

空间目标变化	抽象前拓扑关系	抽象后可能存在的拓扑关系
面-面 ⇩ 点-线	相离	相离
	相邻	相离、点在线上、点在线端点上
	相交	点在线上、点在线端点上
	覆盖	
	包含	

5. 面-面抽象为点-点

面状空间目标抽象为点是其存在性抽象的极限，如果两个面状空间目标的面积较小，则在一定尺度上可被抽象为点状空间目标，抽象后的点通常为面状空间目标的中心点。点-点拓扑关系只有相离和相等两种。如果两个面状空间目标之间为相离拓扑关系，则抽象为点-点后拓扑关系仍为相离；如果两个面状空间目标相邻，则它们有公共边界但内部不相交，抽象为点-点后可能的拓扑关系为相离或相等；如果两个面状空间目标相交、覆盖、包含或相等时，抽象得到对应点-点的拓扑关系都为相等。因此，面-面与点-点之间对应的拓扑关系如表 4-8 所示。

表 4-8　面-面拓扑关系与点-点拓扑关系之间的对应

空间目标变化	抽象前拓扑关系	抽象后可能存在的拓扑关系
面-面 ⇩ 点-点	相离	相离
	相邻	相离、相等
	相交	相等
	覆盖	
	包含	
	相等	

6. 线-面抽象为线-线

在一定尺度上表达为线和面的空间目标在较小尺度上可能抽象为线和线，如表达为线状空间目标的道路与表达为面状空间目标的河流在较小尺度上被抽象为线状道路和线状河流。

线状空间目标与面状空间目标之间的拓扑关系有如前所述的 6 种，而线状空间目标与线状空间目标之间的拓扑关系为相离、相切于一点、相切部分为线段、相接、包含和相等 6 种。如果线状空间目标与面状空间目标相离，则抽象为线-线后拓扑关系仍为相离；如果线状空间目标与面状空间目标之间的拓扑关系为外接，则抽象为线-线后拓扑关系为相切于一点、相切部分为线段、相接，在什么情况下抽象为哪种拓扑关系在前面已经分析过，这里不再累述；如果线状空间目标与面状空间目标之间的拓扑关系为相交，则抽象为线-线后拓扑关系为相交于一点、相交部分为线段、相接；如果线在面的边界上、内接或线在面内部，则抽象为线-线后拓扑关系为包含。线-面与线-线之间对应的拓扑关系如表 4-9 所示。

表 4-9　线-面拓扑关系与线-线拓扑关系之间的对应

空间目标变化	抽象前拓扑关系	抽象后可能存在的拓扑关系
线-面	相离	相离
⇩	外接	相切于一点、相切部分为线段、相接
	相交	相交于一点、相交部分为线段、相接
	线在面的边界上	
	内接	包含
线-线	线在面内部	

7. 线-面抽象为线-点

在一定尺度上表达为线和面的空间目标在较小尺度上可能抽象为线和点，如表达为线状空间目标的道路与表达为面状空间目标的建筑物在较小尺度上被抽象为线状道路和点状建筑物。

线状空间目标与面状空间目标之间的拓扑关系有如前所述的 6 种，而线状空间目标与点状空间目标之间的拓扑关系为相离、点在线上和点在线端点上 3 种。如果线状空间目标与面状空间目标相离，则抽象为线-点后拓扑关系仍为相离；如果线状空间目标与面状空间目标之间的拓扑关系为外接，则抽象为线-点后拓扑关系为相离、点在线上或点在线端点上，在什么情况下抽象为哪种拓扑关系在前面已经分析过，这里不再累述；如果线状空间目标与面状空间目标之间的拓扑关系为相交，则抽象为线-点后拓扑关系为点在线上或点在线端点上；如果线在面的边界上、线与面内接或线在面内部，则可以将线视为面的一部分，经过抽象后面状空间目标变成了点，则作为面组成部分的线不可能再以线的形式表达，因此这 3 种拓扑关系不具备实际意义，在此不予讨论其抽象前后的一致性。线-面与线-点之间对应的拓扑关系如表 4-10 所示。

表 4-10　线-面拓扑关系与线-点拓扑关系之间的对应

空间目标变化	抽象前拓扑关系	抽象后可能存在的拓扑关系
线-面	相离	相离
⇩	外接	相离、点在线上、点在线端点上
线-点	相交	点在线上、点在线端点上

8. 点-面抽象为点-线

点状空间目标与面状空间目标之间的拓扑关系有相离、点在面边界上和点在面内部 3 种，点状空间目标与线状空间目标之间的拓扑关系为相离、点在线上和点在线端点上 3 种。如果点状空间目标与面状空间目标相离，则抽象为点-线后拓扑关系仍为相离；如果点状空间目标在面状空间目标的边界上，则抽象为点-线后拓扑关系为相离、点在线上或点在线端点上，在什么情况下抽象为哪种拓扑关系在前面已经分析过，这里不再累述；如果点状空间目标在面状空间目标内部，则抽象为点-线后拓扑关系为点在线上。因此点-面与点-线之间对应的拓扑关系如表 4-11 所示。

表 4-11　点-面拓扑关系与点-线拓扑关系之间的对应

空间目标变化	抽象前拓扑关系	抽象后可能存在的拓扑关系
点-面	相离	相离
⇩	点在面边界上	相离点在线上、点在线端点上
点-线	点在面内部	点在线上

9. 点-面抽象为点-点

点状空间目标与面状空间目标之间的拓扑关系有相离、点在面边界上和点在面内部 3 种，而点状空间目标之间的拓扑关系为相离、相等 2 种。如果点状空间目标与面状空间目标相离，则抽象为点-点后拓扑关系仍为相离；如果点状空间目标在面状空间目标的边界上，则抽象为点-点后拓扑关系为相离或相等；如果点状空间目标在面状空间目标内部，则抽象为点-点后拓扑关系为相等。因此点-面与点-点之间对应的拓扑关系如表 4-12 所示。

表 4-12　点-面拓扑关系与线-点拓扑关系之间的对应

空间目标变化	抽象前拓扑关系	抽象后可能存在的拓扑关系
点-面	相离	相离
⇩	点在面边界上	相离、相等
点-点	点在面内部	相等

4.3.2.4　拓扑一致性度量

对拓扑一致性的研究多集中在对各拓扑关系类型间一致性的描述上，Egenhofer 和 Franzosa（1994）基于拓扑同胚的概念来描述拓扑关系类型之间的相似性，它通过形式化地表达空间目标及其拓扑关系相似性的变化，并计算其构成不变量是否改变来判断同胚概念之间的偏差，从而反映出不同的相似程度及其变化。João Argemiro de Carcalho Paiva（1998）用成分不变量的变化来评价拓扑关系的相似性。杜晓初（2005）也在拓扑一致性的描述和判断方面做了大量的研究工作。在多尺度空间数据一致性评价中，仅描述空间目标拓扑关系相似性及其变化，缺乏数量化的一致性信息，存在结果表达不直观，难以用程序实现的确定。而且用该方法对大型多尺度空间数据集进行一致性判断工作量非常大。根据空间目标之间拓扑关系的概念邻域图而得到的概念邻域图差异矩阵（João Argemiro de Carcalho Paiva，1998），如表 4-13 所示，可以对空间对象之间的拓扑一致性进行度量。

表 4-13　空间目标间拓扑关系概念邻域图差异矩阵

	相离	相邻	相交	覆盖	被覆盖	包含	被包含	相等
相离	0	1	2	3	3	4	4	3
相邻		0	1	2	2	3	3	2
相交			0	1	1	2	2	1
覆盖				0	2	2	2	1
被覆盖					0	2	1	1
包含						0	2	1
被包含							0	1
相等								0

空间目标 A 和 B 在两个不同尺度上的拓扑关系可表示为：$P(A,B)$ 和 $P'(A,B)$，根据拓扑邻域图得到的这两个拓扑关系之间的距离为 $D_P[P(A,B), P'(A,B)]$。如表 4-13 的差异矩阵所示，$D_P[P(A,B), P'(A,B)]$在[0，4]取值，则空间目标 A 和 B 在两个不同尺度上的拓扑关系一致度 $C_P(A,B)$ 可用式（4-1）表达（João Argemiro de Carcalho Paiva，1998）：

$$C_P(A,B)=1-D_P[P(A,B), P'(A,B)]/4 \tag{4-1}$$

空间要素集合在不同尺度上拓扑关系的一致度 $C_P(D_S, D_S')$ 为两两空间目标组成的特征对拓扑关系一致度的平均值。即

$$C_P(D_S, D_S') = \sum_{i=1}^{N} C_P(A_i, B_i)/C_N^2 \tag{4-2}$$

式中，A 和 B 为空间要素集 D_S 中的空间目标，C_N^2 为要素集合中特征对的数量。

4.3.3 方位一致性评价

在实际应用中，仅通过拓扑关系的描述难以准确表达空间目标之间的位置关系。方位关系是另外一个重要的空间关系，拓扑与方位关系的结合能够表示空间目标间的位置关系，描述空间场景。

4.3.3.1 拓扑与方位关系的关联

拓扑关系和方位关系都是对空间目标间位置关系的描述，它们之间并不是相互独立的。拓扑关系中隐含了一些方位信息，如面状空间目标 *A* 和 *B* 之间的拓扑关系为“被包含”，则可推断出 *A*，*B* 的方位关系为 *A* 和 *B* 方向相同；同样，方位关系有时也提供了一些拓扑信息，如面状空间目标 *A* 和 *B* 的方位关系为 *A* 在 *B* 西方，则其拓扑关系可能为相离或相切。将拓扑关系与方位关系结合起来可以表达更详细的空间目标间位置关系。谢琦等（2007）对结合拓扑和方位的定性表示与推理计算方面进行了研究。

利用 Goyal 和 Egenhofer（1997）提出的基于区域的主方位关系模型可以将参考对象所在空间划分为 9 个区域，我们用 S、SW、W、NW、N、NE、E、SE、O 分别表示参考对象的南、西南、西、西北、北、东北、东、东南和同一方向。常用的描述空间目标间拓扑关系的谓词为相离、相邻、相交、覆盖、被覆盖、包含、被包含和相等。表 4-14 是方位关系与可能拓扑关系之间的对应。

表 4-14 主方位关系与基本拓扑关系之间的对应

方位关系	拓扑关系	方位关系	拓扑关系	方位关系	拓扑关系
S	相离、相邻	NW	相离、相邻	E	相离、相邻
SW	相离、相邻	N	相离、相邻	SE	相离、相邻
W	相离、相邻	NE	相离、相邻	O	被覆盖、被包含、相等

从表 4-14 中对应关系可以看出，相离、相邻、被覆盖、被包含和相等可以与确切的主方位关系对应，而其他拓扑关系对应的方位关系不能单独用这些方位词来区分。根据空间对象在 x 轴和 y 轴上投影的关系可以对原子主方位关系进行形式化定义，并区分较复杂的主方位关系。对于同一方向关系（O）用现有的主方位关系模型难以细分，于是有学者提出了新的内部主方位关系来划分同一方位区域，也可得到 9 个内部方位关系。根据内部主方位关系同样可以推导相应的拓扑关系，在此不详细论述。利用方位关系与拓扑关系的复合可以得到相应的拓扑或方位关系，这将有利于空间对象间空间关系信息不完备时进行拓扑或方位关系推导（谢琦，2006）。

4.3.3.2　方位一致性度量

方位一致性是衡量多尺度空间数据间一致性的重要标准，对空间目标间方位关系的一致性进行定量计算能更有效地表达它们之间的一致程度。Goyal 和 Egenhofer（1997）基于方位关系矩阵模型提出一个计算模型，用来评价面状空间目标间的方位相似性。该模型用 4-邻域来定义各方位关系之间的距离，根据距离大小来判断两方位关系之间的相似性。该模型针对一般情况下空间目标间方位关系讨论，没有考虑尺度对空间方位关系的影响，以及空间目标抽象时方位关系的渐变规律，而且根据该模型对方位关系间距离的定义，S（南）和 N（北）、S（南）和 W（西）之间的距离都为 2，这与现实情况存在偏差。

根据现实情况下各方位关系间相似程度，以及空间目标在抽象过程中方位关系的渐变规律，用图 4-4 所示模型来定义空间目标抽象过程中方位关系之间的距离。

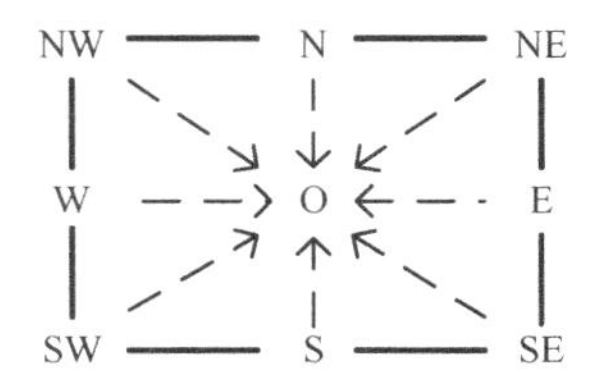

图 4-4　方位关系概念邻域图

图 4-4 中，两个方位关系之间的距离为它们对应节点间最短路径的长度。例如，N 和 S 间距离为 4，NW 与 SE 之间距离为 4，而 N 和 W 之间距离为 2。其中，O（同一方位）与其他方位关系间的距离都为 1，而且它们之间的路径是单向的，即都是指向 O 的，这是考虑到在空间目标抽象过程中，两空间目标间的距离总在不断缩小，拓扑关系也逐步由相离向相等变化，对应的方位关系也朝着同一方位靠近，而保持被覆盖、被包含、相等拓扑关系的空间目标一般不会再抽象为相离关系，即同一方位关系在抽象过程中不会向其他方位关系转化。由此得到的方位关系间邻域距离如表 4-15 所示。如果面状空间目标 A 与 B 的方位关系不是单纯的 9 种方位关系，如 A 面积的 40%在 B 的 NW 方向上，而 60%在 B 的 N 方向上，则 A 与 B 间方位关系与 E 方位间的距离可以按面积比来进行求和，即 $0.4\times3+0.6\times2=2.4$。

空间目标 A 和 B 在两个不同尺度上的方位关系可表示为：D（A，B）和 D'（A，B），根据拓扑邻域图得到的这两个拓扑关系之间的距离为 $D_D[D(A,B), D'(A,B)]$。如表 4-15 的邻域距离所示，$D_D[D(A,B), D'(A,B)]$在[0，4]取值，则空间目标 A 和 B 在两个不同尺度上的方位关系一致度 C_D（A，B）可用式（4-3）表达：

$$C_D(A, B) = 1 - D_D[D(A, B), D'(A, B)]/4 \tag{4-3}$$

空间要素集合在不同尺度上方位关系的一致度 $C_D(D_S, D_S')$ 为两两空间目标组成的特征对方位关系一致度的平均值。即

$$C_D(D_S, D_S') = \sum_{i=1}^{N} C_D(A_i, B_i)/C_N^2 \tag{4-4}$$

式中，A 和 B 为空间要素集 D_S 中的空间目标，C_N^2 为要素集合中特征对的数量。

表 4-15 空间目标间方位关系邻域距离

	S	SW	W	NW	N	NE	E	SE	O
S	0	1	2	3	4	3	2	1	1
SW		0	1	2	3	4	3	2	1
W			0	1	2	3	4	3	1
NW				0	1	2	3	4	1
N					0	1	2	3	1
NE						0	1	2	1
E							0	1	1
SE								0	1
O									0

4.3.4 结构一致性评价

结构是空间目标的一个重要特征，但也是最难用形式化方法描述的。虽然拓扑关系和方位关系也能表达一些空间目标间结构特征，但仅仅依靠这些信息不能满足实际应用的要求。

4.3.4.1 结构特征形式化描述

对于单个空间目标来说，其结构特征就是几何形状，面状空间目标的形状是研究重点和难点。目前形状表示可分为基于边界和区域两类。基于边界的方法描述空间目标的边界，通过判断边界各线段组成的序列或描述不同的曲率极值序列来确定空间目标的形状。Leyton（1998）提出的 process-grammer 形状表示法用曲率极值序列来描述空间目标的边界特征。他定义了正极大值、正极小值、负极大值、负极小值及 0 五种极值分别对应凸出、挤压、内阻、凹进 4 种动作，以及曲率为 0 的点。该方法不仅描述了空间目标的几何形状特征，还能够描述空间目标在一定时间内变化的规则。

Gottfried（2003）基于双十字模型定义了 3 条相连直线段间的 36 种关系 TLT_{36}（tripartite line tracks），利用面状空间目标边界中每条线段与其首尾相连的两条线段构成的 TLT 关系序列来描述面状空间目标的形状特征。Gottfried 于 2004 年在

此基础上简化得到 23 种 BA（bipartite arrangement）关系，并于 2006 年基于 BA_{23} 提出一致描述线状空间目标形状的表示方法。同年，Schuldt 等（2006）提出一种基于面状空间目标 BA 关系范围直方图的定性形状表示法。

基于区域的方法针对对象内部进行描述。Cohn（1995）引入凸壳概念，通过描述面状空间目标的凹处个数，以及每两个凹处之间的关系来表示和区分各种凹形面状空间目标。

对于复合空间目标或者空间目标集合来说，其结构特征是指要素的分布特征，如建筑群的平行排列、点状居民地的分布、河网的结构特征等。空间目标集合的结构特征可以通过空间目标集合抽象聚合得到的空间目标与原来空间目标之间的结构特征来描述，如建筑群的平行排列特征可以将建筑群抽象为一个大的面状区域，通过计算建筑群中各建筑最小外接矩形各边与面状区域各边的平行关系来描述。聚合得到的新空间目标应根据空间目标集合的结构特征来构建，它与集合中空间目标之间的关系应反映空间目标集合的结构特征。

4.3.4.2　结构一致性度量

对结构特征的一致性度量我们采用局部成分细化比较方法来得到空间目标间的结构一致程度。例如，基于空间目标边界的结构特征表示法用线段曲率序列或关系序列来描述面状空间目标形状，通过比较两个空间目标对应序列中每个成分是否一致来判断它们形状的相似程度。用 E_i 和 E_i' 分别表示空间目标 A 和 B 中对应序列的某一成分，则成分之间的一致度 C_S（E_i，E_i'）的取值为 0 或 1。由此得到空间目标 A 和 B 的结构一致度可用式（4-5）表达：

$$C_S(A, B) = \sum_{i=1}^{n} C_S(E_i, E_i')/n \tag{4-5}$$

式中，n 为空间目标 A 组成成分的个数。基于区域方法表达的空间目标形状特征之间的一致性同样可通过比较各组成成分（凹处）间是否一致来判断它们形状的相似程度。对于复合空间目标或者空间目标集合的结构特征一致性判断分为两个步骤：首先是聚合后新的空间目标与集合中原来空间目标之间的特征关系的定义，如边界线平行等，以及成分特征序列的构成，然后用式（4-5）对空间目标集合进行抽象后得到的新目标集合与原目标集合的一致度进行计算。如式（4-6）所示：

$$C_S(D_S, D_S') = \sum_{i=1}^{N} C_S(A_i, A_i')/N \tag{4-6}$$

式中，A_i 为空间要素集 D_S 中的空间目标，A_i' 为 D_S' 中与 A_i 对应的空间要素，N 为要素集合中要素的数量。

4.3.5　语义一致性评价

多尺度空间数据间语义一致性是空间目标在属性特征上的一致性，通过语义一致性研究可以实现异源异构空间数据间的共享与互操作。随着本体在知识表达领域应用的不断深入，在语义的一致性研究中越来越多地使用本体描述空间目标。一个本体代表了对现实世界的一个特点视点。利用本体清楚地描述空间目标表现的语义信息可以很好地表现空间目标之间的相关性。

目前对地理要素的语义一致性研究通常用相似性来衡量，许多研究学者都提出了不同的语义相似性模型。Rips（1973）提出通过计算两个概念在语义多维空间中的欧氏距离来衡量它们之间语义距离的方法；Tversky（1977）提出了基于特征匹配过程的相似性衡量方法；计算机学者对相似性的定义主要基于概念间的语义联系，并提出一些语义距离评价模型来衡量概念间语义联系。随着语义网络的出现，许多研究开始考虑语义网络的权重距离。Richardson 等（1995）利用从 WordNet 延伸出来的等级化概念图（HCG）来确定语义相似性。这些模型大多是对概念或名词间语义相似度的计算，而且多用概念在层次或等级图中的距离来衡量它们之间的相似度。在对地理要素的语义相似性的判断中应结合地理要素的特征，Egenhofer 等（Rodriguez and Egenhofer，1998）提出了衡量不同地理要素类之间的语义相似性模型，并在此基础上，提出了基于本体的不同地理要素类之间语义相似性衡量方法。

基于地理要素间特征匹配来进行语义相似性评价，将地理要素的特征分为三部分：组成部分、属性与功能（Tversky，1977）。其中组成部分反映地理要素的结构特征，即一个地理要素由哪些部分组成；属性描述是一个概念与其他概念相区别的特质；功能描述允许使用者对它进行的操作。在语义相似性研究中，先分别计算这些特征的相似性，通过逻辑推理方法确定它们的权重，再来综合评价两个地理要素间的语义相似性，计算公式如下：

$$S(A,B)=w_p\times S_p(A,B)+w_c\times S_c(A,B)+w_f\times S_f(A,B) \quad (4\text{-}7)$$

式中，A 和 B 是需要进行语义相似评价的地理要素，$S_p(A,B)$ 是基于组成部分匹配得到的两个地理要素间的语义相似性，$S_c(A,B)$ 是基于属性匹配得到的两个地理要素间的语义相似性，$S_f(A,B)$ 是基于功能匹配得到的两个地理要素间的语义相似性，$S_p(A,B)$、$S_c(A,B)$ 和 $S_f(A,B)$ 的确定基于 Tversky 的特征匹配模型。w_p、w_c 和 w_f 分别是 $S_p(A,B)$、$S_c(A,B)$ 和 $S_f(A,B)$ 的权重。

空间要素集合在不同尺度上语义关系的一致度 $C_E(D_S, D_S')$ 为同一地理要素在不同尺度上对应要素的语义相似性的平均值。即

$$C_E(D_S, D_S')=\sum_{i=1}^{N}S(A_i, A_i')/N \quad (4\text{-}8)$$

式中，A_i 和 A_i' 为空间要素集 D_S 和 D_S' 中的对应地理要素，N 为要素集合中空间要素的数量。

4.3.6 时间一致性评价

不同时间尺度是指时间粒度不同，在时空数据的相关研究中，这种粒度的不同体现在数据调查和更新的时间周期上。假设数据调查和更新都是按预设的时间周期来进行，中途不会随意改变，而且数据变更的时间等于发现变更的最近一次数据调查的时间，则在相同时间尺度下，同一地理要素在不同空间数据库中的生存期应该为相等关系，此时不考虑因数据库时间表达的不同而引起的不一致。而在不同时间尺度下，同一地理要素在不同空间数据库中的生存期应该为相交、同始、同终或在内部，相离、相遇的情况被视为不一致。如图 4-5 所示，在一定时间范围内，如果地理要素发生变化，变化的时间点在较大尺度 T 上的投影位置有可能先于、等于或后于在较小尺度 T' 上的投影位置，$t_1<t_1'$，$t_2>t_2'$，$t_3=t_3'$。因此，对应地理要素在大尺度上的生存期与在小尺度上生存期的关系为：T_A'在 T_A 内部，T_B'与 T_B 同终，T_C 与 T_C'同始。

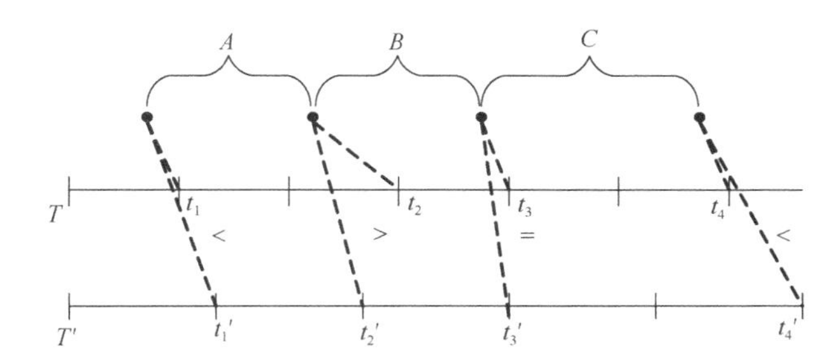

图 4-5　不同时间尺度上地理要素生存期之间的关系

对同一地理要素不同尺度上时间一致性的度量可以用地理要素在不同尺度上生存期相交部分的长度与生存期总长的比值来判断。用式（4-9）表示：

$$C_T（T_A，T_A'）=T_A \cap T_A' \max\{T_A，T_A'\} \quad (4\text{-}9)$$

式中，$\max\{T_A，T_A'\}$表示 T_A 和 T_A'中的较大者。空间要素集合在不同尺度上时间关系的一致度 $C_T（D_S，D_S'）$为各地理要素生存期时间一致度的平均值。即

$$C_T（D_S，D_S'）=\sum_{i=1}^{N} C_T(T_{A_i}，T_{A_i}')/N \quad (4\text{-}10)$$

式中，T_{A_i} 为空间要素集 D_S 中的空间目标的生存期，T_{A_i}' 为另外一尺度空间要是集 D_S'中空间目标的生存期，N 为空间要素集合中对象的数量。

4.3.7 一致性评价指标体系

在海量空间数据中快速找到自己需要的信息是地理信息使用者最迫切的需求，也是地理信息服务努力实现的目标。如同信息查询时使用的查询条件越具体

贴近需求，得到的查询结果越符合用户的需要，在多尺度空间数据的一致性评价中，基础的、没有需求针对性的评价标准很难区分不同尺度空间数据表达与用户理想数据之间的一致性程度高低。

一致性评价是一个主观因素很强的复杂过程，它需要根据用户应用目的和相关评价标准来综合衡量不同尺度空间数据间一致性，单纯使用某一标准评价来衡量存在许多不足之处，如在拓扑一致性度量中覆盖和相交两种拓扑关系的距离为1，但在现实世界中，这种情况被认为是数据错误，例如，楼盘和楼栋之间的关系是不允许相交的，如图 4-6A 所示。而有些空间对象在抽象前后几何形态和拓扑关系都发生了很大变化，如用面状空间目标表达的两条相交的街道，抽象为两条相交的线状空间目标，如图 4-6B 所示，若仅用结构或拓扑一致性标准来评价抽象前后存在很大的差异，但在人们对空间的认知上这个抽象过程是等价的。而且某些要素间的一致性程度对这个要素集间一致性的影响还要根据这些要素在用户心中的重要程度来判断。

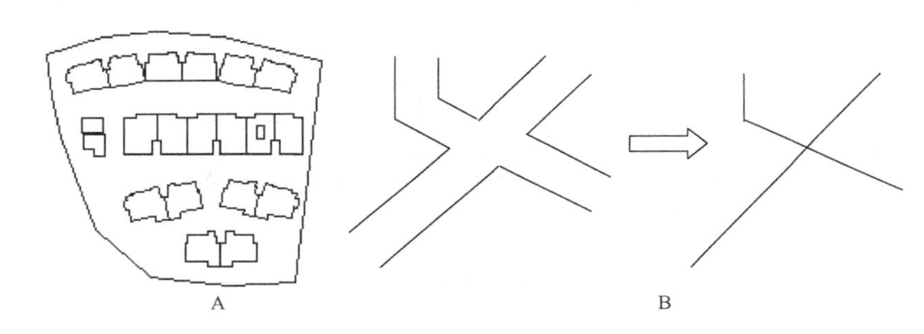

图 4-6　抽象过程中的拓扑关系变化示例

A. 楼盘和楼栋间拓扑关系；B. 街道抽象为线状空间要素

通过前面对多尺度空间数据间一致性评价标准的分析和定义，我们可以将这些评价标准按内容不同划分为空间一致性评价、语义一致性评价和时间一致性评价，其中空间一致性评价具体可以划分为拓扑一致性、方位一致性和结构一致性的评价。如图 4-7 所示。

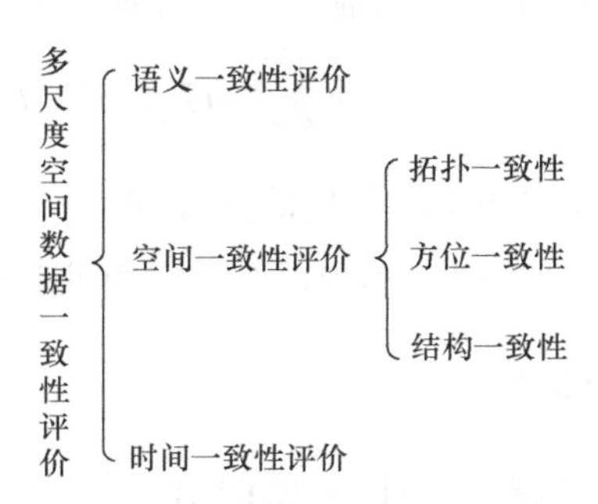

图 4-7　多尺度空间数据一致性评价指标体系

在实际应用中，不同的应用目的和用户对这些指标可以设置不同的权重以反映一致性评价的侧重点。而且用户并不是对所有的空间要素及其关系的一致性都关心，只有与应用目的密切联系的空间要素才是用户关心的焦点，这些空间要素的一致性对整个空间要素集的一致度判定影响较大。这些评价指标在一致性评价计算中的权重由用户根据应用需求来确定，其总和为 1。而对于不同空间要素的权重引入本体驱动的方法来确定。

4.4　本体驱动空间要素权重划分

多尺度空间数据的一致性评价标准有很多，针对不同的应用需求，有些评价标准是主要的，多尺度空间数据在这些标准上的一致性必须满足，而对于其他一些评价标准的一致性满足程度要求不是很高，这就需要根据应用需求和目的对不同的评价标准设置不同的权重。同样地，对于进行一致性评价的多尺度空间要素来说，不同的应用目的及不同的用户会有不同的兴趣要素集，即和用户需求及应用密切相关的要素。在进行多尺度空间数据一致性评价时，这些空间要素的多尺度表达之间的一致性维护尤为重要，而与应用联系不是很紧密的一些空间要素，它们为保持地图完整性或作为背景和参考显示在地图上，但相对于兴趣要素集来说，它们的多尺度一致性要求不是很高。因此，根据不同的应用需求和用户任务，确定相关的多尺度空间数据一致性评价标准及其权重，并通过需求中的任务本体信息对空间要素进行划分，找出与应用目的和用户任务相关的兴趣要素集是建立面向需求的多尺度空间数据一致性评价模型的重要内容。

4.4.1　本体驱动空间要素划分标准

不同应用目的和不同的用户对于地理信息的需求不同，因此，当他们在使用地图时，认知的重点及感兴趣的空间要素也会不同。例如，一个观光游客在查看地图时的关注重点与自驾游司机在驾车行驶过程中的关注重点会有很大不同。观光游客更关注于旅游区内著名景点及交通路线，而自驾游司机则更多地关注于如何寻找最短路径到达目的地并避免交通堵塞等。为了能够满足用户需求，提供最合适的多尺度空间数据，在进行多尺度空间数据一致性评价过程中应根据任务本体信息对空间要素进行划分，找出与用户需求密切相关的要素集合，并重点维护它们多尺度表达之间的一致性。

对多样化的用户需求进行研究和分类，不难发现用户的兴趣要素集在空间范围、时间范围、属性值和专题等方面存在一定的聚类特征。例如，在土地利用调查中对一定时间段内的建设用的扩张情况进行分析时，与任务相关的要素集中的空间要素，它们的存在时间都在这个时间段内，而且用地类型为建设用地；在修建一条公路前进行的拆迁分析中，任务相关要素集为包含在规划中公路的缓冲区域中，或与该区域相交的建筑物，它们都在规划中与公路相关的空间范围内。因此，针对用户的需求我们可以找到相应的空间要素划分标准，它主要包括空间、时间、属性值和专题 4 类。

1）空间划分：空间划分是指用一定的空间区域范围来对空间要素进行划分，这个空间区域范围可以是用起始坐标和终止坐标划定的，也可以是与某个空间要素满足一定空间关系的要素集合构成的。空间划分利用了应用目的和用户需求的区域聚类特征，例如，用于房屋拆迁分析的红线图、用于交通旅游的城市旅游地图所包含的空间要素都在一定的空间范围之内。

2）时间划分：时间划分是指按一定的时间区域来对空间要素进行划分，在某一时间段内存在的所有空间要素被划分在一起。时间段的长短根据应用目的和用户需求而有所不同，如对变化周期较长的地理现象进行规律性研究时，对相应空间要素划分所采用的时间段比较长，而对于变化较频繁的地理信息进行统计分析时，如车流量变化分析等，空间要素划分所采用的时间段比较短，可能只有几分钟。

3）属性值划分：属性值划分是指将属性值满足一定条件的空间要素划分为与应用需求相关的要素集合。该集合中空间要素的属性值所满足的条件可以是等于某一特定值或者在某一值域范围内。这种划分在数据统计和分析方面比较常用。

4）专题划分：专题划分是指将空间要素按应用的专题信息进行划分，与应用专题信息相关的空间要素被划分在一起。这个专题可以是从学科、行业、部门等角度进行的分类，如环境、农业、交通、规划等，也可以是针对空间要素某些属性特征进行的分类，如高程、人口数量、面积等。

在实际应用中，根据用户需求对空间要素进行划分时这些标准不是独立运用的，正如前面例子中满足需求的空间要素即使在一定的时间区域内，其属性值也满足一定条件。根据应用需要可以同时运用多个划分标准，因此，用户需求相关的空间要素集合可以是两个或多个划分标准共同作用的结果，是同时满足这些划分标准条件的交集。同时，空间要素本身在空间分布、语义等方面具有一定的规律性，某一划分标准下满足需求的空间要素集合在另一划分标准下也同样满足需求。

4.4.2 本体驱动空间要素分类体系

根据本体驱动空间要素的划分标准可以确定与用户需求相关的空间要素，但在多尺度空间数据一致性评价过程中，还需分析其他空间要素与用户需求直接的关系，以确定它们评价的权重。为了实现这一目的，笔者根据任务本体的相关信息对空间要素进行划分。按照与任务本体的语义相似程度将空间要素划分为需求核心要素、需求相关要素及需求无关要素三大类。

需求核心要素是指与用户需求联系紧密的空间要素。在地图中，需求核心要素是主要内容，需要以最详细的方式呈现给用户，因此，需求核心要素的多尺度空间数据之间的一致性是一致性评价的核心部分，它们之间的一致性满足程度决定了整个多尺度空间数据一致性评价的结果。因此，需求核心要素多尺度空间数据之间的一致性在一致性评价中所占的权重应该最大。

需求相关要素是指与用户需求的联系紧密程度小于需求核心要素，但又与用户需求存在一定关系的要素，这些要素并非用户分析应用时最直接作用的对象，但是它们对用户的分析起到一定的辅助和指导作用。因此，需求相关要素在多尺度空间数据一致性评价中所占的权重要小于需求核心要素所占的权重，而大于需求无关要素所占权重，并且三者所占权重之和为 1。

需求无关要素是指与用户需求核心要素之间的联系甚少可以忽略的那些要素。这些要素在地图上表现得较为简略，在某些较大尺度上，这些要素可能因制图综合被删除而不显示。因此，在多尺度空间数据的一致性评价中，需求无关要素的一致性所占权重最小，在某些实际应用中，对这些要素的多尺度数据的一致性甚至可以不予考虑。

在实际应用中，某些需求核心要素集合对于分析和一致性评价来说还是范围较大或数据较多，根据一定的标准还可以对它们进行更详细的划分。例如，交通旅游线路分析时，道路是需求核心要素，但由于道路本身有等级性，而且交通旅游的出发地和目的地而对道路有一定的要求，因此可以根据道路的等级和不同的出发地目的地对需求核心要素中的道路进行更详细的划分。按照需求核心要素的重要程度可以相应地划分为一级核心要素、二级核心要素和 N 级核心要素等。所划分级别的数量根据实际应用目的和用户需求来确定，各级核心要素在多尺度空间数据一致性评价中所占的权重逐级递减，它们的总和为需求核心要素的一致性评价权重。

由以上分析可以得到完整的面向需求空间要素分类体系，如图 4-8 所示。

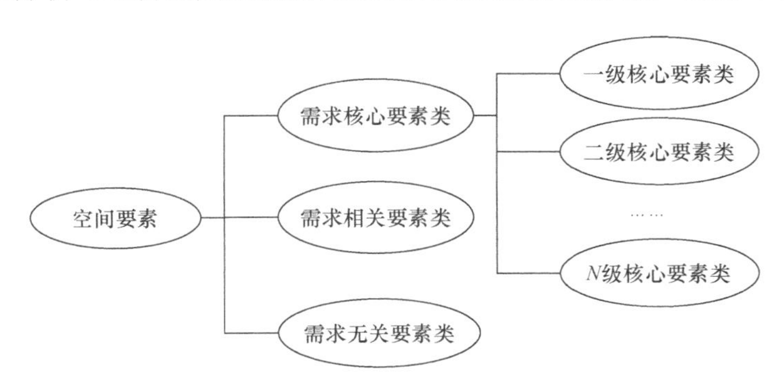

图 4-8　面向需求空间要素分类体系

4.4.3 空间要素类一致性评价权重判定

4.4.3.1 任务本体描述

本体驱动空间要素分类的基本思想是根据应用目的和用户需求对空间要素集进行分类，并在多尺度一致性评价中根据它们与应用目的及用户需求之间的相关程度赋予不同的权重，使一致性评价结果更接近用户期望达到的目标。

对于应用目的和用户需求我们用任务本体来表达，任务本体定义了具体任务的专用概念类、属性及角色关系。一个用户的基本任务包含 3 个不可分割的属性，任务类型、任务操作对象和任务操作。这 3 个属性可以唯一确定一个任务，可以表示为：{任务类型，任务操作对象，任务操作}。任务类型是用户任务的描述信息，它反映了用户的应用目的。任务的操作对象即为空间要素，可以用概念名词表示。任务操作是用户执行任务的动作，可以用一个动词来描述。

4.4.3.2 需求核心要素类判定

需求核心要素类中的要素是与应用目的及用户需求密切相关的要素，用户主要通过这些要素来进行相关操作并获取所需信息。对应用目标和用户需求进行分析，可以从中抽取出任务本体信息。如果某一空间要素所表达的语义与任务本体中的概念同义或相似度很高，则该空间要素为需求核心要素，由此可得到与任务本体中概念同义或相似度高的空间要素类即为需求核心要素类。

由于需求核心要素类中要素在整个要素集一致性评价中的影响较大，而核心要素类中的要素通常呈现一定的空间或语义类别或等级性，如在道路交通网中存在高速公路、国道、城市主干道、次干道、一级公路、二级公路等道路要素，这些道路之间本身包含着等级信息，为了更详细地区分核心要素类中要素与需求的相关度，我们把这些要素类称为核心要素类的子类，并可以进一步按照要素语义与任务本体的相关度来划分其权重。具体方法为：根据核心要素类本身的类别或等级信息将要素类中的要素划分为 n 个子类，这 n 类要素的重要程度用一个用户定义的 n 元组来表示 $<x1, x2, x3, \cdots, xn>$，元组中每个元素的取值由用户根据该类要素语义与任务本体概念的相关度来设定，元组中元素取值的不同反映了不同的应用目的。例如，物流线路的司机认为城市主干道和高速公路的重要程度高于次干道、国道和水运线路，因此用元组<1，1，0，0，0>来表示道路等级，而自驾游旅行者希望避开堵塞的机动车交通情况认为次干道、高速公路为最适合的旅游线路，因此用元组<0，2，1，0，0>来表示。核心要素类中各类别要素的权重用式（4-11）来定义：

$$k_{\mathrm{ci}} = f\ (a^{xi}) \tag{4-11}$$

式中，a 为一个常量，取值为大于 1 的实数，i 为 1 到 n 的正整数，n 表示核心要素类中元素的子类数，k_{ci}是一个关于k^{xi}的函数，用$f(a^{xi})$表示。

4.4.3.3 需求相关要素类判定

与需求核心要素类及其权重的判断比较而言，需求相关要素类及其权重的判断过程要复杂得多。需求相关要素类中的要素与任务本体概念相关，但其相关程度不及需求核心要素与任务本体概念的相关度。需求相关要素类与需求核心要素类之间存在如下关系：它们在本体的层次结构中位于上下级并且可达，或它们之间满足部分整体关系，或该要素类的功能特征与描述任务操作的动词同义。因此，根据已确定的需求核心要素类可以对需求相关要素类进行判定并计算它的权重。

假设a表示某一需求相关要素类，b表示需求核心要素类，则a与b之间的相似度S（a，b）可由Egenhofer等（Rodriguez and Egenhofer，1998）提出的语义相似度计算公式表示：

$$S(a,b)=\frac{|A\cap B|}{|A\cap B|+\alpha|A/B|+(1-\alpha)|B/A|} \tag{4-12}$$

式中，A和B分别为描述需求相关要素类a和需求核心要素类b的特征集合，$|A\cap B|$表示a和b特征的交集，$|A/B|$表示a和b特征的差集，$||$运算表示集合的势。α为修正系数，在0～1取值，它可以由需求相关要素类a和需求核心要素类b的语义在本体等级层次中与任务本体概念间的距离来判断，其判定函数如下：

$$\alpha=\begin{cases}\dfrac{d(a)}{d(a)+d(b)} & d(a)\leqslant d(b)\\ 1-\dfrac{d(a)}{d(a)+d(b)} & d(a)>d(b)\end{cases} \tag{4-13}$$

式中，d（a）表示a的语义在本体中与任务本体概念间距离，d（b）表示b的语义在本体中与任务本体概念间距离。

需求相关要素类在整个空间要素类中可能不只一个，每个需求相关要素类都与需求较大要素类之间存在某些相关性，有些是语义上的相关，有些则是地理位置上的相关，这使得需求相关要素类在组成上也包含不同的子集。各子集的权重k_r可以综合S（a，b）及要素类a到b之间的空间距离来判定。

4.4.3.4 需求无关要素类判定

需求无关要素类是空间要素集合中除去需求核心要素类和需求相关要素类后剩下的要素。这类要素与需求的相关度较低，在一致性评价中对整体要素集合的一致性影响不大，其权重$k_n=1-k_c-k_r$，k_c和k_r分别为需求核心要素类和需求相关要素类的权重。

4.5 多尺度空间数据一致性评价模型

4.5.1 面向需求一致性评价模型

根据前面给出多尺度空间数据一致性评价指标及本体驱动的空间要素分类，我们可以对多尺度空间数据一致性评价模型进行如下定义：

$$C(D_S, D_S') = \sum_{i=1}^{m}\sum_{j=1}^{n} k_{Di} \otimes C_j(D_i, D_i') \otimes \omega_j \tag{4-14}$$

式中，$C_j(D_i, D_i')$ 表示空间要素子集 D_i 在 C_j 上的一致度，其中 C_j 表示多尺度空间数据一致性评价指标，如拓扑一致性 C_P、方位一致性 C_D、结构一致性 C_S、语义一致性 C_E、时间一致性 C_T 等。K_{Di} 表示空间要素子集 D_i 的权重，ω_j 表示具体应用中一致性评价指标在整个多尺度空间数据一致性评价中的权重。用矩阵形式具体表示为

$$C(D_S, D_S') = K \cdot C_{m\times n} \cdot \omega = (k_{D1}, k_{D2}, \dots, k_{Dm}) \cdot \begin{bmatrix} C_1(D_1, D_1') & C_2(D_1, D_1') & \dots & C_n(D_1, D_1') \\ C_1(D_2, D_2') & C_2(D_2, D_2') & \dots & C_n(D_2, D_2') \\ \dots & \dots & \dots & \dots \\ C_1(D_m, D_m') & C_2(D_m, D_m') & \dots & C_n(D_m, D_m') \end{bmatrix} \cdot \begin{pmatrix} \omega_1 \\ \omega_2 \\ \dots \\ \omega_n \end{pmatrix} \tag{4-15}$$

在本书中对多尺度空间数据一致性评价指标只划分了 5 个，即 $n=5$，则相应的矩阵 $C_{m\times n}$ 也为一个 m 行 5 列的矩阵。

4.5.2 评价模型体系结构

4.5.1 节给出的多尺度空间数据一致性评价模型是具有面向需求的特征，它体现在针对不同的应用目的和用户需求，可以对空间要素集进行不同的分级和分类，对一致性评价的指标也可以设置不同的权重，以反映一致性评价在某一或某些指标上的侧重。从多尺度空间数据一致性评价模型的组成结构来看，它可以分为 3 个层次：单一一致性评价模型、综合一致性评价模型、面向需求一致性评价模型，如图 4-9 所示。

其中，单一一致性评价模型是多尺度空间数据一致性评价模型的最下层，也是整个一致性评价模型的基础。单一一致性评价模型是指在进行数据一致性评价时只采用单一指标，由此得到的评价结果只反映了多尺度空间要素集在某一一致性指标上的一致度，如拓扑一致度，没有考虑多尺度空间要素集在其他评价指标上的一致度，评价结果单一，难以满足实际应用中对多尺度空间数据一致性评价的需求。

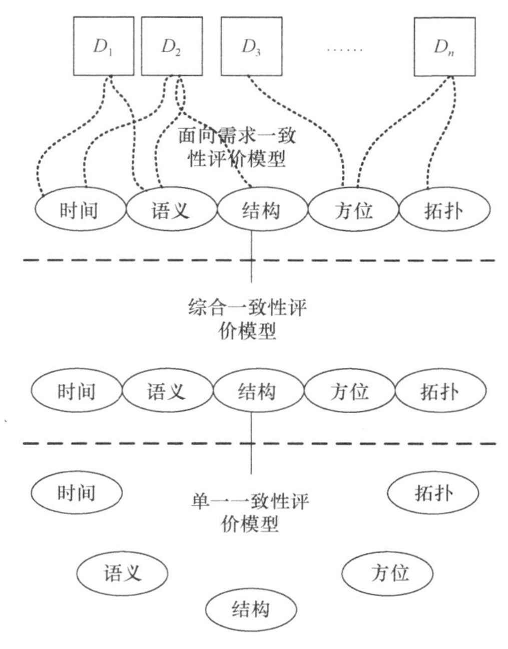

图 4-9　多尺度空间数据一致性评价模型结构

综合一致性评价模型在单一一致性评价模型的基础上，综合考虑各评价指标对一致性评价结果的影响，并根据实际应用中的用户需求对不同的评价指标设置不同的权重，由此得到的评价结果能反映用户对多尺度数据一致性评价中某一或某一些指标的侧重，例如，在交通道路多尺度数据一致性评价中，司机关心的是道路之间的连通情况及道路的性质、规则等，因此他对不同尺度数据间拓扑一致性和语义一致性的关注高于其他评价指标。这样综合考虑多评价指标得到的一致性评价结果能体现用户对不同评价指标的侧重，较好地反映了数据质量与用户需求间的一致程度。

面向需求一致性评价模型是多尺度空间数据一致性评价的最高层模型，它在综合一致性评价模型的基础上，融入了实际应用中不同用户对空间要素集中要素类不同的关心程度。由于空间要素集中的要素数量很多，而它们与用户任务的相关程度不同，用户在数据使用过程中，常常只对空间要素集中某一类或几类要素特别关注，而其他的要素仅作为辅助信息或背景参考，因此在进行多尺度空间数据一致性评价时，他们最关心的是和需求紧密相关的这些空间要素的一致性。综合了不同评价指标和空间要素集面向需求划分的一致性评价模型能贴近用户需求，评价结果也能更好地反映数据质量与用户期望之间的差别。

4.5.3　一致性评价过程

多尺度空间数据一致性评价过程包括多尺度空间要素类语义表达、一致性评价指标体系的定义和权重设置、空间要素集分类及要素类权重设定、空间要素类一致度计算等步骤，如图 4-10 所示。

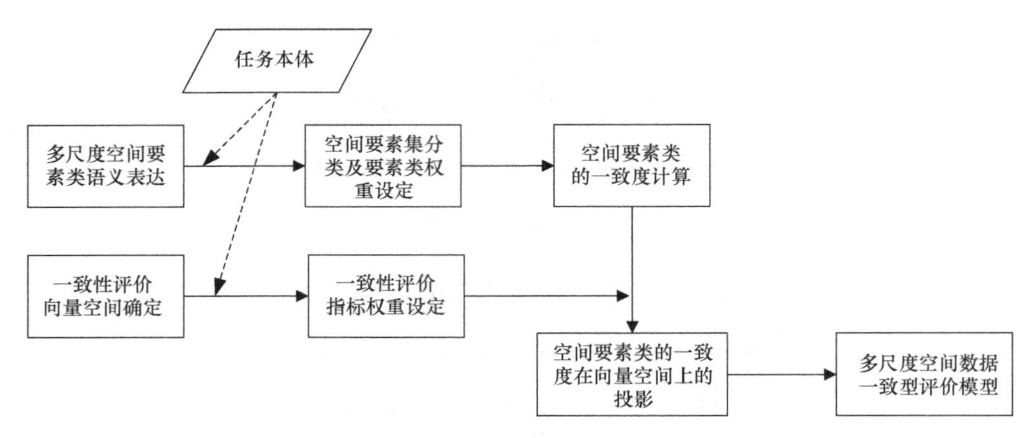

图 4-10　多尺度空间数据一致性评价过程

多尺度空间数据的一致性评价首先要对多尺度空间要素类的语义进行表达，建立多尺度空间要素类本体，然后与任务本体进行相似性比较，综合空间要素类语义与任务本体之间的相关性，以及空间要素类与核心区域的欧式距离来划分要素类等级，并设置相应的权重。对多尺度空间数据一致性评价的内容的确定首先要根据任务本体定义一致性评价指标的 n 维向量空间，并设置每个指标的相应权重。基于上述两个步骤，分别计算每一空间要素类在各一致性评价指标上的一致度，最后根据面向需求多尺度空间数据一致性评价模型计算整个评价要素集不同尺度数据间一致性。

4.5.3.1　多尺度空间要素类语义表达

在第 3 章中详细介绍了基于本体的多尺度空间要素的表示方法，通过本体，多尺度空间要素的语义内容和特征被充分和准确地表达出来。在评价模型生成中对多尺度空间要素类语义的表达主要侧重空间要素的性质、相互关系等，以便与任务本体之间的相似性比较，对多尺度空间要素的尺度信息在此不考虑。多尺度空间要素类的语义表达是用本体概念框架把空间要素类的名称、定义、性质、与其他要素类关系等信息具体地描述出来。可以用如下概念框架来描述。

```
空间要素类名称 is－a 父类名称
{
    Definition                //空间要素类定义
    Relations                 //与其他空间要素类关系
    Properties                //空间要素类的性质
        Property1：value1     //value 为要素类性质的取值
```

Property2：value2

……

Property n：value n

}

其中，Properties 是要素类的性质，是该要素类中要素共有的抽象特征，对于每一性质都有确定的属性值来描述，一个要素类的 Properties 有两个部分组成，一部分是从父类中继承过来的性质，这部分性质对于所有该父类的子类都包含，另一部分是该要素类特有的性质，也是区别于其他的要素类的重要特征。

用上述概念框架统一描述多尺度空间要素类，可以方便地构建这些要素类间的语义关系。我们用分类层次结构作为本体的体系结构，以表达空间要素类及其父类之间的层次关系及子类之间的通达性。

4.5.3.2　多尺度空间要素一致性到 n 维尺度向量空间的映射

多尺度空间要素之间的一致性评价按照评价内容可以划分为一致性评价指标体系中的不同指标，这些评价指标可以组成一个集合{C_1，C_2，C_3，…，C_n}，这个集合可以建立一个多尺度一致性评价的 n 维向量空间。一致性评价指标体系构成一个 5 维向量空间，5 个维度分别为：拓扑一致性 C_P，方位一致性 C_D，结构一致性 C_S，语义一致性 C_E，时间一致性 C_T。多尺度空间数据一致性评价的结果即为该向量空间中的一点，该点在各个维度 C_P、C_D、C_S、C_E 和 C_T 上的投影分别代表多尺度空间要素集在拓扑、方位、结构、语义及时间上的一致度。

4.5.3.3　空间要素集分类

空间要素集中的空间要素在地理分布和要素语义上都存在一定的聚类特征，通常按照空间要素属性的不同可以对其进行归类，不同类别的空间要素集在语义上存在着相互联系，在本体的层次结构中，空间要素集对应的语义在本体中可为上下级关系或处在同一层中，它们之间是可通达的。在不同的应用中，用户需求的侧重点不同，按照空间要素与任务的相关程度，可以对空间要素的重要性进行区分，它们在任务本体的描述中处于不同的层次。如 4.4.3 中的分析，按照空间要素与任务的相关度可以将空间要素分为需求核心要素、需求相关要素和需求无关要素。因此，在对空间要素集进行多尺度一致性评价时，用面向需求的标准来进行划分，得到的分类结果应该是两个空间要素分类体系的交集，用{D_1, D_2, D_3, …, D_n}表示。对分类产生的空间要素子集分别进行一致性评价，应根据多尺度空间要素一致性的 n 维向量空间映射分别计算其一致度，得到的结果是一个二维矩阵 $C_{m\times n}$，其中的每一个元素 C_{ij} 表示某一空间要素子集在某一一致性评价标准上的一致度。

4.5.3.4 本体驱动的一致性评价权重的设定

本体驱动的一致性评价权重的设定包括两个部分，一个是根据任务本体描述确定多尺度一致性评价 n 维向量空间中各个维度的权重 ω_j，一个是本体驱动空间要素类划分后得到的各要素集的权重 k_{Di}。对 ω_j 的设定主要根据应用目的和用户偏好，分析任务本体描述中任务操作的类型及任务操作对象的特征，找出它们与多尺度空间数据拓扑一致性、方位一致性、结构一致性、语义一致性及时间一致性的联系，根据任务对一致性评价指标的侧重不同，对它们赋予不同的权重。

对于本体驱动空间要素类权重 k_{Di} 的设定分为两个步骤。首先要确定空间要素类 D_i 是属于需求核心要素类、需求相关要素类还是需求无关要素类，它们之间权重的关系是：需求核心要素类>需求相关要素类>需求无关要素类；然后根据它们与任务本体的语义相似度，以及与核心要素类的欧氏距离来设置不同的权重，具体方法参见 4.4.3。

4.5.4 评价结果的表达与分析

从面向需求一致性评价模型的矩阵表示可以看出，多尺度空间数据一致性评价结果包含了三类重要信息：一是不同空间数据子集在某一评价指标上的一致度，即 C_j（D_i，D_i'），它是整个多尺度一致性评价的基础元素，该元素针对不同的评价指标有不同的计算公式，详见 4.3 节中的定义；二是不同一致性评价指标在评价中的不同权重 ω_j，它表达了具体应用中对不同评价指标的侧重，三是不同空间要素子集在评价中的不同权重 k_{Di}，它表达了不同用户对空间要素的关心程度。通过这三类信息我们既可以得到空间要素集在每一评价指标上的一致度，又可以得到每一空间要素子集在各评价指标上的综合一致度，这样可以更细致地分析多尺度空间数据一致性评价的结果，并针对具体的不一致情况进行改进。

本书中只定义了多尺度空间数据一致性评价的 5 个指标，这个指标体系可以在具体应用中进行调整和扩充。对于评价指标权重的设置，只定义了一个 5 维向量，即只设置了某一评价指标在整个一致性评价中的权重，没有针对每一空间要素子集设置不同的评价指标权重，例如，需要对评价指标的权重进行更细的划分，可将 ω 扩展为一个 m×n 维的矩阵，同理，也可以对同一空间要素子集的评价指标设置不同的权重，即将 k 扩展为一个 m×n 维的矩阵。

多尺度空间数据的一致性评价不是为了评价而评价，而是为了使地理信息的使用者在海量的多尺度表达的空间数据中找到符合自己需要的有用的数据，同时为多尺度空间数据质量检验和维护、数据更新提供有效支持。面向需求的多尺度空间数据一致性评价能更好地反映数据质量与用户期望结果之间的差距，由此可以对空间数据的检测和更新进行相应改进。

第5章　多尺度空间数据更新

随着空间信息获取技术的飞速发展，获取空间数据的速度、数量都在迅速增长。因而空间数据内容的变化周期正在大大缩短，远远超出了人工或常规的数据库更新技术的能力。如何实现智能化的快速自动更新已迫在眉睫，它是GIS的未来发展和应用面临的一个主要问题。在能获取到的海量空间数据中，很多数据是对同一地理要素的不同表达，即所研究的多尺度空间数据。如何根据已获取的发生变化空间要素的信息对某一尺度的空间数据进行更新，并将已经变化的空间要素信息传播到相关的上下级尺度空间数据中去是多尺度空间数据更新的主要研究内容和难点。

5.1　研究现状

近些年来，遥感、全球定位系统和国际互联网的飞速发展使空间信息的获取速度和信息量大大提高，获取到的空间数据的数据量和信息含量迅速膨胀，对空间信息变化的发现也越来越及时，空间数据更新的周期正在大大缩短。空间信息的数据量之大，变化之快已远远超出人类手工更新或常规的数据库更新和处理技术的能力。相对于急速膨胀的数据量，数据更新的现状却不容乐观。据统计，全球地形图的更新率不超过3%，我国前几年有些城市建成的较大比例尺（1∶10 000、1∶1000、1∶500）数据库或城市地理信息系统，在应用上也已经开始受到数据现势性的困扰，感受到数据更新的紧迫要求。要保证空间数据库的现势性的关键在于，如何实现智能化的快速自动更新。该问题已迫在眉睫并已成为地图学与GIS界研究的热点问题之一。

当前GIS数据更新的研究与发展，主要局限于应用目标的单一，即针对某一应用实例来设计数据更新模型和处理方法，并且仅对应用涉及的空间数据进行更新。其研究重点局限于单一尺度的空间数据采集和变化检测，以达到某一尺度自动更新的目的。随着GIS数据应用领域的不断扩大，越来越多的使用者希望得到现势的按使用者需求表达的多尺度空间数据，因此，研究不同尺度空间数据之间的关联，并由此实现多尺度空间数据库的智能化自动更新是多尺度空间数据的重要应用目标之一。

目前，有关空间数据库更新技术的文献不多，特别是有关多尺度矢量空间数据的更新技术的研究更是少见。在实际应用中可行的更新方法包括区域批量替换法（罗晓燕等，2004）、基于要素的更新和基于空间叠加分析法（潘瑜春等，2004）。在分布式环境下采用的数据更新方式多为服务器数据更新，客户端主动或自动下载的方式来更新。

在现有的多尺度空间数据更新模型研究方面，国际上在大多以剥皮树数据结构及其变种为基础，将不同尺度的空间数据从详细到概略进行分层，以每个空间目标的最小外包围矩形作为基本节点来逐层组织数据并实现多尺度的空间数据存取，下层数据的修改或更新可以通过各层次目标间逻辑连接指针自动地传递到高层数据中。例如，Ballard（1981）利用剥皮树建立了线的层次结构，它将整条线作为其树根存储在一个最小外包围盒中，矩形的方向平行于该线的起止点连线。可以认为它是一种二叉树结构，是驻留内存的数据结构。为满足多尺度数据库存取需要，面向数据库的多尺度空间数据存取方法也已提出。多尺度线树（multi-scale line tree，MSLT）利用 DP 算法按照尺度等级划分构成空间要素的点类。每个点都有唯一的标识符，并记录其原始顺序，同时赋予其多个预定义的数据库层次，并为每一层次建立基于四叉树的索引。这些方法都可以存取保持线状要素原始顺序的线状特征的顶点，并按照与其尺度相关的优先值进行分类。然而，这些方法只提供了对单一的线状和面状特征的不同尺度表达的存取，并没有涉及多少与不同尺度要素间联系有关的问题。Oosterom（1991，1995）将反作用树（reactive-tree）作为无缝无比例尺的地理数据库的存储结构。对于这种结构，Oosterom 提出了一个“重要性值”特征作为划分空间对象层次（尺度）的依据。对象的空间位置通过编码其最小包围盒确定。反作用树结构包括了综合的选取和化简技术，空间对象的选取通过反作用技术的空间索引结构提供，而化简则通过线综合二叉树来支持。线综合二叉树也是利用 DP 算法分类顶点，它类似于剥皮树但在空间上更为有效，因为每一节点仅存储一个顶点而不是一个矩形的定义。Zhan 和 Buttenfield（1999）基于图像金字塔建立层次数据结构，以提供多层次的线对象的几何表达。该方法将线状要素作为结构化目标，它包含线几何、多尺度控制机制和一套产生多尺度线的操作。该方法通过该控制机制操作可以获取不同尺度层次上的线。

综上所述，这类处理模型的设计没有将尺度作为与空间、时间和属性一样的空间目标基本特征来考虑，因此不可能将多尺度空间数据作为一个整体来处理，导致不同尺度上空间目标的指针联系非常复杂，空间结构的一致性难以维护，在尺度多、数据量大的情况下很难达到实用性要求。多尺度空间数据自动更新的实现取决于其数据模型及其层次关联机制。

5.2 多尺度空间数据更新研究内容

空间数据的更新可以定义为“修正、改进、更新已有的数据内容，以获得与预定目标一致的地理数据现在的表现形式”（Ramirez，1996）。

5.2.1　更新的内容

空间数据更新是一个复杂的过程，其实质是空间数据库中的空间目标状态改变的过程，即包括从现实地理世界中的变更的地理对象转变为空间数据库中的现状空间目标，以及空间数据库现状空间目标转变为数据库历史空间目标的两个过程。相对于影像数据的更新而言，矢量数据的更新要复杂得多，不仅需要更新空间实体的几何形态，还需要对其属性信息进行相应更新，有些情况下还需要保存数据更新的历史信息。

1. 空间实体更新

空间实体几何形态变化是最基本的更新内容，空间实体几何形态包括点、线、面 3 种，对于点和线的变更相对简单，研究的重点是面状空间实体几何形态的更新。空间实体的几何形态发生变化，相应的空间实体间的拓扑关系也会发生改变，应在空间实体几何形态更新的同时，对相关变化了的拓扑关系也同步更新，便于数据查询和分析。

2. 属性信息更新

属性信息的变化主要有两种情况：一种是空间实体几何形态没有发生变化，只是和该空间实体相关的属性发生了变化，如对一栋房子而言，当房子转让后，房子的产权就发生了变化，而房子的空间信息没有发生变化；另外一种情况就是空间信息和属性信息都发生了变化，如一片居民地进行了重建，该地方原有的空间实体全都发生了变化，同时其属性信息一般也会变化。因此在属性信息的变化中，最重要的是要保证空间信息和属性信息的一致性。

3. 数据更新的历史信息保存

对于大多数 GIS 应用而言，需要根据空间实体的历史和现状信息来进行分析决策，因此，当现实地理世界中的空间对象发生变化时，除了在现状数据库中对相应的空间实体进行更新外，变更前的空间实体不能从数据库中删除，而是作为历史数据保存到历史库中，同时建立现状数据库中新的空间实体与历史库中的变更前空间实体之间的关联，便于数据分析和历史回溯。

如果按发生变化的空间数据的更新范围来划分，矢量空间数据更新涉及的内容有：对单个空间实体几何图形或属性的更新，这个也称为要素级更新；大面积的测区级批量更新，即按区域整体替换，可能是以图幅为基本单位进行全要素替换；不同尺度空间数据集之间的更新，如根据较大比例尺更新结果自动更新较小比例尺数据等。

对多尺度空间数据更新的内容主要包括对某一尺度上的空间目标按照发生变

化的内容进行相应变更，同时通过不同尺度空间要素间关联将其他尺度上的对应空间目标也作相应的变化。根据空间实体进行更新时进行的操作可以将空间实体的更新可分为 3 种情况（刘守军等，2003）。

（1）新增

当有新的地理实体产生时对应的数据库中操作为新增一个空间目标，即新产生的空间目标在原多尺度空间数据库中没有。对于空间目标的新增操作有时不仅是在数据库中增加一个对象那样简单，新的空间目标的产生必然会引起原来在该位置上的地理实体及其相关地理实体的几何形态、拓扑、属性的变化。如图 5-1 所示，在土地利用调查数据库中，有一个新规划的地块出现，与之相关的 6 个地块都要相应地发生变化，A、B、C、D、F 5 个地块的形状发生变化，而 E 则不存在了。新的地块 E′生成后，A、B、C、D、F 与它之间的拓扑关系也要进行相应的变化。对应的数据库中操作为在现状空间数据库中修改 A、B、C、D、F 的几何形状得到新的空间目标 A′、B′、C′、D′、F′，增加新的空间目标 E′，原来的空间目标 A、B、C、D、E、F 保存到历史空间数据库中，最后从现状空间数据库中删除 E。

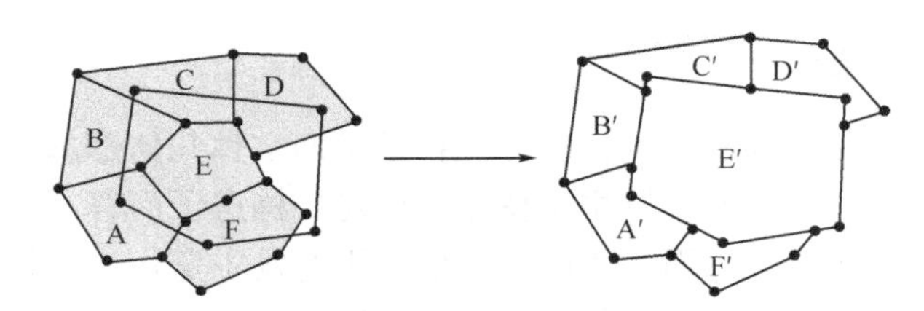

图 5-1　新增加一个空间目标引起的变化

（2）删除

当一个地理实体从现实地理世界中消失时，在数据库中要删除对应的已有空间目标。同理，对于一个空间目标的删除也会引起与之相关的空间目标的改变，如图 5-1 中，若 E′消失，可以理解为 E′抽象为一点，空间目标 A′、B′、C′、D′、F′与 E′的公共边界都会发生改变，它们全汇集到一点上，由此引起 A′、B′、C′、D′、F′的形状发生变化。对应的数据库操作为在现状空间数据库中修改 A′、B′、C′、D′、F′的几何形状得到新的空间目标，原来的空间目标 A′、B′、C′、D′、E′、F′保存到历史空间数据库中，最后从现状空间数据库中删除 E′。

（3）修改

当一个地理实体在几何形态上发生改变时在数据库中的操作为修改原有空间目标。与该空间目标相邻或相交的空间目标也会发生相应的改变，如图 5-2 所示，移动空间目标 *A* 边界上的一点 1，会使空间目标 *A* 和 *B* 的公共边界发生变化，从而 *A* 和 *B* 的几何形态都发生了变化。

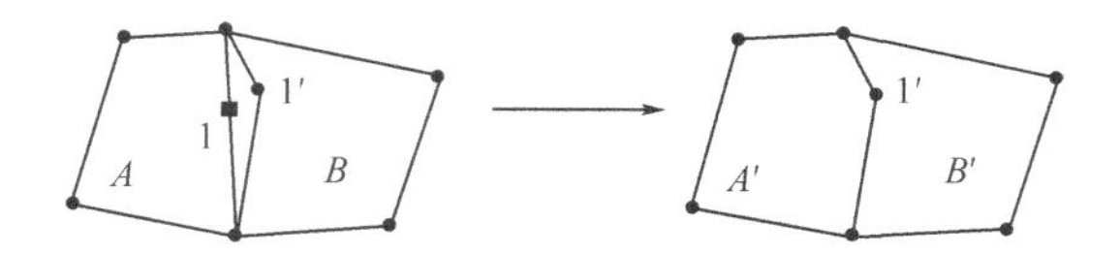

图 5-2　修改一个空间目标引起的变化

在单一尺度上的空间数据进行更新时，主要的数据库操作就是数据编辑，即通过自动检测变化，然后实施增、删、改工作。多尺度空间数据更新是在某一较详细尺度上空间数据的更新已完成，变更的空间对象已被标识后，将更新内容扩散或传播到其他尺度上。

5.2.2　更新数据源选择

数据更新的来源也可以理解为空间数据获取的方式，随着 GIS、摄影测量和遥感技术的日趋成熟，网络技术的飞速发展，空间数据更新的数据源有了很多选择。常用的更新数据源包括：野外数字测图、已有规划图、航空摄影与遥感影像。

（1）野外数字测图

随着社会经济与科技的不断发展，测量技术逐步从地面向空中进军。航空摄影、卫星遥感、GPS 定位等先进技术正逐渐成为数据获取的主流手段。但是，在一段时间内，小区域的、零星的数字测绘仍将在日常补测和地理信息数据更新中起着重要作用。就目前我国城市经济技术发展水平而言，普通的中小城市还得依靠测绘手段来完成地理信息系统的数据更新。对于道路改造、小区建筑、管道修建等小范围的数据更新，数字测绘方法更能显出其灵活性、方便性。

（2）已有规划图

当前，在 GIS 建库和数据更新中，地图数字化、航空摄影及野外测绘等仍是空间信息获取的主要数据源。但这些方法一般适合于大面积地理信息的获取，在地理数据频繁发生更新的区域，可以根据规划图进行相应地理信息数据更新，也不失为一种高效的途径。

（3）航空摄影与遥感影像

近年来，极高分辨率遥感数据成为 GIS 数据采集与更新的重要数据源，而且随着网络技术的飞速发展，信息技术领域的知名公司纷纷抢占 GIS 市场，提供实时高质量的航空摄影与遥感影像。例如，微软地图和 Google Earth，它们不仅提供现势性强、高质量的影像和矢量数据，实现全球地图的浏览查询功能，还允许使用者通过 API 进行开发，在上面显示自己的数据。摄影与遥感数据具有信息丰富、时效性及重复性强等优点，它不仅可以提供地理要素的外形特征，如自然地貌人工地物，同时也可以提供隐含的地理属性信息。根据遥感影像的信息来更新 GIS 矢量数据关键要解决变化检测和要素空间匹配的问题。此方法不仅适用于固定周期全面更新，对于局部重点区域的动态更新也适用。

（4）Web2.0 环境下的 60 亿自发传感器

随着 Internet 的逐步普及和 Web 网络的出现，地理空间信息的传播和发表速度越来越快。数据仓库、空间数据图书馆和地理数据门户层出不穷。随着 Web2.0 的出现，“服务集合”的概念被提出。早期的 Web 是单向的，是大量用户对少量 Web 站点的访问，而新的 Web2.0 是一种双向协作，用户与 Web 站点交互，可以为站点提供信息，而这些信息可以为其他人服务。这种模式为地理信息的传播和发表提供了一个新的环境。Goodchild（2007）把这种模式称为“自发地理信息”（VGI）。他认为地球表面生活着的超过 60 亿的人类成员拥有着对地球表面及其属性极其丰富的知识，他们是能够解读和集成信息的智能移动传感器。从传统的地图制作来看，获取多种类型地理信息的工作被认为需要经过专业培训才能胜任，而专业的制图工作人员经常依靠走访当地居民来确定某些信息，并制作成图，最后也是给所谓业余者的广大民众使用。在此方式下，只有很少一部分人类地理知识经过编汇和发表得到了传播和共享，这妨碍了人类集体的地理知识被用作信息来源。VGI 的世界是混沌式的，没有严格的结构。信息不断地被创建并被交叉引用，并向各个方向传播，信息创建的时间被极大地压缩了。笔者认为这种 VGI 方式具有低成本、高现势性、个性化优点，将成为新的主要的数据更新来源，作为航空摄影与遥感的重要补充。在地理信息广泛使用的今天，随着不同用户群的增多，地理信息需要向多尺度、个性化方向发展。VGI 能提供及时快速多元化的地理信息，特别适合多尺度空间数据的更新。

5.2.3 多尺度空间数据库更新方式

多尺度空间数据库的更新根据数据库内部图层间是否建立连接，以及更新传播的方向可以分为 4 种方式：①空间数据库中不同尺度图层之间没有建立联系，在进行空间数据库更新时必须对底层和其中各个层分别进行更新，即每次更新都必须重复生成各种尺度数据表达的版本；②空间数据库中不同尺度图层之间都建立了确定的连通更新。在进行空间数据库更新时，首先更新底层数据，然后由底层逐层向上传播，最后完成各个尺度空间数据的更新；③空间数据库中不同尺度图层之间都建立了确定的连通更新。在进行空间数据库更新时，首先更新底层数据，然后由底层分别对其上各层传播更新，从而完成各个尺度空间数据的更新。这种更新不是递推式的，而是分别进行的；④这种方式是②和③两种方式的结合，在进行数据库更新时首先对底层进行更新后，其他层的更新可以由底层向上逐级派生，也可以根据底层的更新直接对各个尺度的图层进行更新。采取何种方式进行更新，要根据空间要素更新的计算量大小和制图综合的效率而定。

可以看出，如果在建立多尺度空间数据库时，各个尺度的图层直接的连通已经确定，那么进行数据更新时，不管采用哪种方式数据更新都能顺利进行，并较快在层之间传播。当然，在更新传播的过程中，制图综合起着关键的作用。要使制图综合自动快速实施，在多尺度空间数据库中存储的数据在建模时要考虑数据的尺度特征及图形表达的专家知识。

5.3　多尺度空间数据更新关键技术

多尺度空间数据进行更新首先要将从更新数据源获取的数据与已有的数据进行空间匹配，从而对进行变化检测，对发生变化的空间目标进行更新，再根据不同尺度要素之间的关联，利用制图综合技术传播更新，从而实现不同尺度空间数据之间的联动更新。

5.3.1　更新要素的空间匹配

在空间数据库更新的过程中，为了达到快速更新的目的，需要对新旧数据源进行快速变化检测并提取变化特征对象。变化检测可以通过数据的对比、匹配来检测变化区域、变化特征对象。典型的更新要素匹配方法有以下 4 种（张锦等，2005）。①模板匹配法：通过模板与影像场中被模板覆盖区域的相关性度量计算搜索变化区域。②微分纠正法：以全自动方式获取密集同名点对并作为控制点，由密集同名点对构成密集三角网（小面元），利用小三角面元进行微分纠正，以实现影像的精确配准。③数学形态学方法：是研究数字影像形态结构与快速并行处理方法的理论，将大量复杂的图像处理运算用基本的位移和逻辑运算组合来描述和实现。利用数学形态学方法可实现图像的增强、分割、边缘检测、结构分析、骨架化、组分分析等，算法便于进行并处理和硬件实现，从而提高影像处理的计算效率。④最小二乘影像法：可以充分利用影像窗口内的信息灵活地引入各种已知参数和条件进行整体平差计算，使影像匹配可达到 1/10 甚至 1/100 像素的高精度。

对矢量数据中的更新要素进行空间匹配时，主要根据更新要素与源要素间的拓扑关系来判断，用它们之间相交面积的大小、它们的面积比值大小等来衡量匹配程度。根据要素发生变化的类型不同，更新要素与源要素之间的匹配数量也不同，匹配方法也有所区别。当更新要素与源要素之间为 1∶1 关系时，匹配过程比较简单，只用通过拓扑关系筛选就可以找到匹配的要素对；当它们的关系为 0∶1 时表示当前空间位置上该要素被删除，当关系为 1∶0 时表示在当前空间位置上新增了一个要素，这两种情况下匹配结果为没有与更新要素匹配的源要素或没有与源要素匹配的空间要素；当它们之间关系为 1∶n 或 n∶m 关系时，就需要采用单个要素匹配的办法为每个源要素找到与其几何相似度最高的更新要素，同时需要考虑它们之间的语义相似度，在此不详细讨论。

5.3.2 变化检测

变化检测技术是基于计算机图像处理系统，对不同时段目标或现象状态发生变化进行识别、分析，它是多尺度空间数据更新中发现要素变化的重要环节。按照不同的应用和数据源，将变化检测划分为 4 类：新影像和老影像间的变化检测、新影像和老地图间的变化检测、新/老影像和老地图间的变化检测，以及多源影像和老地图/影像间的变化检测。目前研究内容多集中在影像间的变化检测，这种变化检测方法有图像差值法、图像比值法、图像回归法、主分量分析法和分类后比较法（Lu et al.，2004）。而对用影像数据检测地图矢量数据变化的研究很少。笔者研究的主要内容是矢量的多尺度空间数据，因此要素的变化检测需要从影像数据中进行变化要素的特征提取，用得到的特征要素与源要素进行变化检测，获取它们的变化信息。矢量要素之间的变化检测主要包括图形和属性两个部分，其中图形的变化检测可以通过矢量要素对应几何对象间拓扑运算来实现，属性变化检测在空间匹配的基础上对要素各属性值进行比对，判断它们的值是否相等。

5.3.3 不同尺度地理要素的关联

不同尺度地理要素的关联是实现地理要素更新在不同尺度数据间传播的关键，建立了不同尺度地理要素关联的数据库的数据更新能比较顺利地进行和传播。

在多尺度空间数据库中，可以通过建立地理要素表和空间目标表来表达和描述地理对象。地理要素表主要记录地理要素的名称、属性及地理要素 ID 号等信息，而空间表记录的信息主要有空间目标 FID 号、对应的几何形状、所表达地理要素 ID 号和所属的要素类名称、尺度、生存周期等信息。不同尺度中属于同一个地理对象的各个空间目标的信息将依次写入上述两个表中，从而建立空间目标、地理要素及尺度之间的联系。

对于不同数据源、不同尺度地理要素的关联需要利用地理信息领域本体提供的通用概念来实现它们之间的语义匹配，从而找到不同数据源中语义相关的要素类，然后根据不同尺度空间要素的抽象规律，并结合要素之间的空间关系来判断它们是否是对同一地理对象的表达，由此建立不同数据源间空间要素的关联。

5.3.4 空间目标自动制图综合

制图综合是地图学的核心研究方向之一，又是 GIS 发展与应用的重点研究方向。运用数据结构理论和地图制图综合理论，通过对空间目标的分割、标识，可以建立尺度变化时空间目标的综合模型和算法（Oosterom and Schenkelaars，1995）。伴随 GIS 的发展，地图综合已逐步演变为 GIS 空间目标综合。GIS 空间数据库相对于一般的地图数据文件，其空间目标的属性和空间关系（有的需事后重建），以及规范化的空间数据模型、数据存储结构等，是综合过程可以利用的重要知识源，结构化、规范化的空间数据便于应用综合模型进行自动综合计算。

经过多年的研究实践，该领域已基本形成了综合规则、单目标综合算法、多目标综合算法、局部综合算法、全局综合求解综合算法等地图综合或空间目标综合的理论和技术体系。这些综合算法的目标是从一种尺度的空间数据通过综合算法以尽可能少的人机干预完成综合过程，最终综合生成目标尺度的空间数据集。如果在自动制图综合的过程中引入一些与应用需求相关的知识，使综合过程由任务驱动，面向用户需求，例如，Kulik 等（2005）提出的本体驱动的制图综合，则自动综合的结果会与用户预期的结果更加接近，这也是近年来自动制图综合努力实现的目标。

5.4　多尺度空间数据更新方案

5.4.1　总体设计思想

多尺度空间数据更新是一个复杂的过程，从变更数据的获取到变化检测，再到最终多尺度要素的更新，每一个过程都由复杂的操作构成，同时在数据更新过程中，还必须保持各尺度空间数据之间的一致性，因此，多尺度空间数据库的设计在整个数据更新过程中起着基础也是关键的作用。

提出的多尺度空间数据库组织模型包括现状数据库、历史数据库、临时工作库 3 个部分。现状数据库用于存储和管理现势性最高的基础空间要素；历史数据库存储空间要素更新前的历史状态；临时工作库用于空间要素数据的操作和处理，存储更新过程中的过程数据。

基于上述多尺度空间数据库模型的数据更新方法的设计思想为：以获取的发生变更的空间数据为基础，从现状数据库中提取相关区域的现状空间数据，并与更新数据源发生变更的数据进行比较，识别出发生变更的数据及其变更状态，在临时工作库中对现状数据中的对应空间数据进行更新操作，记录变更的相关信息，并将变更前空间数据的状态保存到历史数据库中，然后将临时工作库中的更新提交到现状数据库中。单一尺度的空间数据更新完成后，再利用不同尺度要素之间的关联对较大尺度中的空间数据进行相应的变更，即利用制图综合将发生变更的现状数据抽象到较大尺度的空间数据中去。由于制图综合的操作算子很多，针对不同的应用需要采用合适的算子来进行综合，才能使综合后的结果符合用户需求，因此，提出在制图综合过程中生成多个综合的备选数据，并利用面向需求的多尺度空间数据一致性评价来比较备选数据中哪个更符合用户的需求，将此数据作为制图综合的结果保存到相应尺度的空间数据中。

整个数据更新的总体流程如图 5-3 所示，整个更新过程主要包括变更数据获取及匹配、单一尺度空间数据更新和多尺度空间数据更新 3 个阶段。

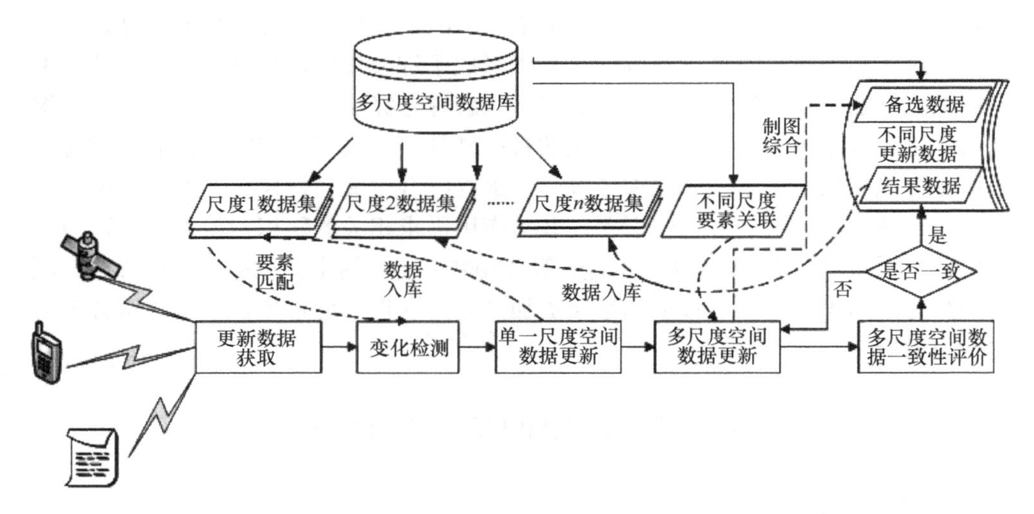

图 5-3　多尺度空间数据更新总体流程

5.4.2　单一尺度空间数据更新

单一尺度空间数据更新的总体流程如图 5-4 所示，其中关键的步骤为变更信息的保存及相关要素的联动更新。

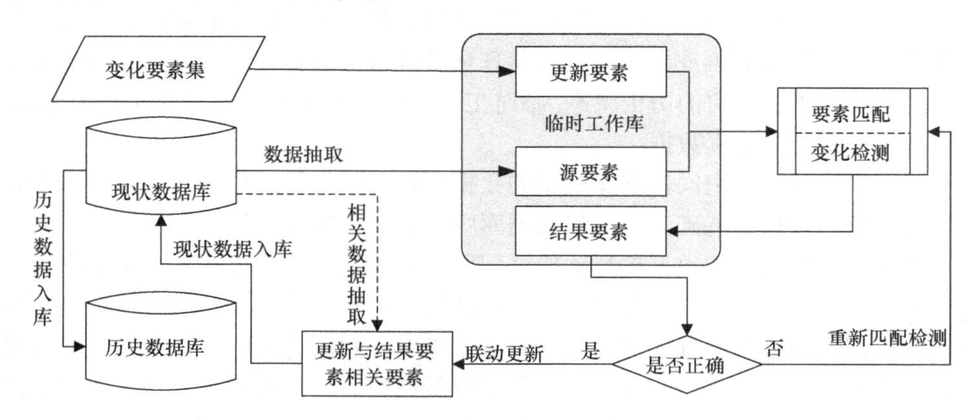

图 5-4　单一尺度空间数据更新流程

变更信息的保存包括：①变更前后空间要素的对应关系，以及相应的变更批号；②将变更前的空间要素保存到历史数据库中，并用变更后的空间要素替代现状数据库中的对应空间要素。对检测到发生变化的空间要素进行更新可以分为批量更新和要素级更新两种。批量更新中同一批发生变更的空间要素其变更批号是一致的，发生变更的空间要素要在程序中自动完成历史数据入库、变更记录表填写、现状数据更新的全过程，并对相关要素的联动更新进行自动识别和处理。对于要素级的更新通常利用手工编辑方式实现，根据变更要素的图形文件或坐标串来构造变更后的空间要素，将变更前要素保存到历史数据库中，并填写变更记录表。如果该要素的更新引起了相关其他要素的更新，对其他空间要素也进行相应的变更和历史数据入库操作，它们的变更批号与该要素对应的变更批号一致。

联动更新是指某一空间要素的变化，与之存在一定关系的空间要素能自动同步地进行相应更新，这种关系可以是拓扑关系、语义关系或具体应用中的特殊约束条件。例如，土地利用管理中的线层与面层之间的需要保持联动更新，以扣除线状地物所占面积，计算地块的净面积。在需要考虑联动关系的空间数据更新中，不仅需要对同一要素层内的相关要素进行相应的更新，即层内联动更新，还要在存在联动关系的其他要素层上对与发生变更要素满足一定拓扑关系的要素进行同步更新，即层间联动更新（刘守军等，2003）。联动更新的规则定义需要在数据库设计阶段完成，并提供用户编辑与自定义的功能，保证满足联动更新规则的空间要素在其中某一要素发生变更时，其他要素能进行相应的自动更新。

单一尺度空间数据更新的具体步骤如下。①更新环境的初始化。其目的是确定本次数据更新的变更批号、更新的空间范围、更新比例尺及更新的模式等，便于其他环节提取这些信息进行相应操作。②现状数据库中待更新要素的提取。对于要素级更新，根据变更要素的几何图形、属性数据从现状数据库中提取与之关联的更新对比数据到历史工作库中，对于批量更新，不需要提取更新对比数据，直接对现状数据库进行变更，但需要提取与批量变更数据集关联的其他空间要素候选集，便于进行联动更新。③通过要素匹配和变化检测对临时工作库中的待更新数据集进行更新，更新的结果需要进行数据检查，以保持数据的一致性。④按照联动更新规则对相关空间要素进行更新。⑤将临时工作库中变更结果数据提交到现状数据库库，完成现状数据库更新，同时将现状数据库中被更新的数据归档到历史数据库中。

5.4.3　多尺度空间数据更新

多尺度空间数据更新是指在某个相对较小尺度的空间数据已经更新的情况下，联动更新较大尺度空间数据中与之对应的空间要素。不同尺度上的对应空间要素是对同一地理对象的表达，对较小尺度上已经更新的空间要素通过合适的制图综合操作，可以抽象出较大尺度中对应的更新要素，用该要素替换较大尺度上对应的被更新要素，同时保持与其他相关要素间的空间、语义一致性。根据具体应用中对多尺度空间数据现势性要求的不同有两种更新方案。

1）对多尺度空间数据现势性要求较高的应用，当较小尺度空间数据进行更新后，需要根据不同尺度空间要素的关联对较大尺度的空间数据进行相应更新。具体操作过程为：根据较小尺度的更新数据，分析、识别对应的较大尺度上的空间要素，并将其提取到临时工作层。例如，在 1∶1000 比例尺空间数据已更新的情况下，根据 1∶1000 比例尺中被更新的空间要素所表达的地理对象，找出 1∶10 000 比例尺中待更新的空间要素，并从现状数据库中提取相应的数据到临时工作库中，然后用户根据 1∶1000 中更新空间要素的变化特征，对临时工作库中的待更新要素进行编辑、更新。其他步骤与单一尺度空间数据更新步骤基本相同。

2）对多尺度空间数据现势性要求不太高的应用，只对现状数据库中较小尺度的空间数据进行实时更新，并保存变更信息。而较大尺度的空间数据只在需要进行汇总统计时才根据现状的较小尺度空间数据进行制图综合，得到相应的较大尺度的空间数据。例如，在某些土地利用变更管理中，对 1∶1000 空间数据的现势性要求较高，需要对其进行实时更新，而 1∶10 000 和 1∶50 000 的较大尺度空间数据通常用来进行汇总统计或作为显示背景，对它们不需要进行实时更新，只需要在每年的汇总统计前根据 1∶1000 的空间数据制图综合得到 1∶10 000 和 1∶50 000 的空间数据即可。

上述两种方案都通过制图综合来实现较小尺度空间数据到较大尺度空间数据的更新。第一种方案主要依赖于不同尺度空间要素间的关联来更新较大尺度的空间要素，多尺度空间数据的现势性程度较高；第二种方案不需要建立不同尺度空间数据间的关联，直接利用现势的较小尺度空间数据对较大尺度空间数据进行全盘制图综合来实现其更新，数据的现势性程度较低，且对全部空间数据进行制图综合的开销较大，而且空间要素间的空间、语义一致性也难以维护。

第6章　应用实例

前面的章节中对多尺度空间数据模型、多尺度空间数据之间一致性评价和多尺度空间数据更新的机制与方法进行了研究。提出的面向需求多尺度空间数据一致性评价模型可以针对不同的应用采用合适的模型进行一致性评价，评价结果可以反映多尺度空间数据间一致度与用户期望值之间的差别，从而为多尺度空间数据更新提供指导。本章通过一个实验系统对面向需求的多尺度空间数据一致性评价模型进行了验证。

6.1　实验系统设计

本章提出了面向需求的多尺度空间数据一致性评价模型，并将其作为多尺度空间数据更新的一个重用环节，给出了多尺度空间数据的更新方案。在构建的实验系统中，通过两个实例来对这些研究成果进行验证。第一个实例是对多尺度空间数据更新方案的验证，在多尺度空间数据库中存储不同尺度的空间数据，并建立不同尺度空间数据间对应关系，当多尺度空间数据发生变更时，记录空间要素的变更信息，同时对其他尺度的空间数据通过制图综合进行相应变更，对变更后不同尺度空间数据间的一致性进行评价，如果评价结果与用户需求的偏差较大，则对该尺度的空间数据选择合适的制图综合操作重新进行更新。第二个实例是对面向需求多尺度空间数据一致性评价模型的验证。对于用文中提出的面向需求多尺度空间数据一致性评价模型能区别目标尺度两个不同表达要素集与源尺度空间要素间一致性程度的高低，从而选出更符合用户需求的多尺度空间数据表达要素集。

6.1.1　软硬件环境

本实验系统使用某市土地利用调查的数据作为实验数据。实验数据放在数据库服务器上，用 ArcSDE 进行管理。因此，实验系统的硬件设备和运行环境如下。

1）数据服务器开发及运行环境：Windows XP SP2，Oracle9.0，ArcGIS SDE for Oracle9.0。其用途为存储实验数据，供用户进行空间数据访问和修改。

2）客户端主机开发及运行环境：Windows XP SP2，ArcGIS Engine，VB6.0。它的用途为开发并运行实验系统，访问服务器上的空间数据，进行多尺度空间数据一致性评价和更新。

6.1.2 逻辑结构

为了能在空间数据库中存储不同尺度的空间数据，并建立不同尺度空间数据之间的关联实现多尺度空间数据的联动更新，我们对土地利用数据库进行了设计，其逻辑结构如图 6-1 所示。

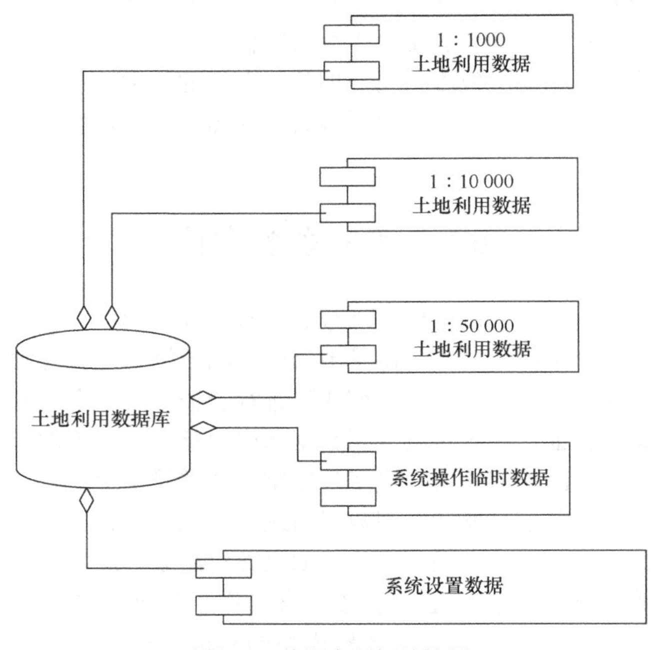

图 6-1 数据库逻辑结构图

1）1∶1000 土地利用数据：土地利用情况管理及变更用的 1∶1000 土地利用图形和属性数据，包括现状数据和历史数据。

2）1∶10 000 土地利用数据：每年上报上级部门使用的 1∶10 000 土地利用数据，包括图形和属性；还应保存土地利用数据对应的常用背景图数据，如河流、道路等内容。

3）1∶50 000 土地利用数据：根据 1∶10 000 土地利用数据制图综合而来的 1∶50 000 土地利用数据；还应保存土地利用数据对应的常用背景图数据。

4）系统操作临时数据：保存在制图综合过程中产生的临时数据，以及在日常管理中产生的临时数据。

5）系统配置数据：用于系统工作的配置信息。记录不同尺度空间数据之间的关联信息，土地利用变更中发生变化前后的空间要素对应关系。

6.2 实验数据准备

根据 6.1.2 节对多尺度空间数据库逻辑结构的设计，在数据库中具体的空间数据类型及它们之间的关系如图 6-2 所示，图中反映了多尺度空间数据更新时 1∶1000、1∶10 000 和 1∶50 000 土地利用数据之间的关系，以及多尺度空间数据间联动更新的实现机制。对于土地利用日常管理所需的比较详尽的 1∶1000 土地利用数据不仅要保存反映土地利用现状的现状空间数据，还需要保存土地变更过程的历史空间数据，以实现土地利用变更的历史回溯。1∶10 000 土地利用数据由现状的 1∶1000 土地利用数据通过制图综合得到，主要用于土地利用数据的上报和一系列土地利用报表的生成。1∶50 000 土地利用数据由 1∶10 000 数据通过制图综合得到，主要用于土地利用图的制图输出，不用作土地利用数据日常变更管理。

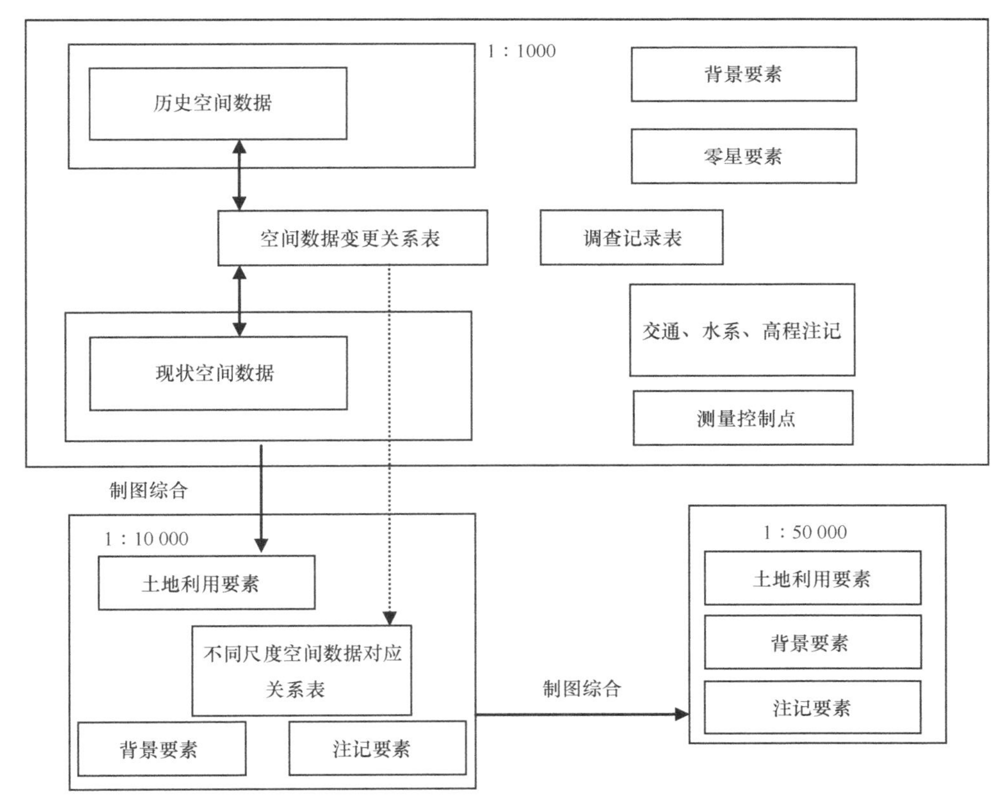

图 6-2 数据组织关系图

对于其中比较关键的数据组织给出数据库表设计，如表 6-1~表 6-3 所示。1∶

1000 土地利用历史数据表结构与表 6-1 相同，1∶10 000 和 1∶50 000 土地利用数据与表 6-1 相似，只是不表达土地利用数据的变更信息。其中 1∶1000 与 1∶10 000 土地要素之间的对应关系在 1∶1000 土地利用现状数据中保存，便于土地要素变更时相关信息的提取，而 1∶10 000 与 1∶50 000 土地利用数据间对应关系用表 6-3 定义，其中还定义了制图综合可能的操作代码（是化简或删除等）。

表 6-1　1∶1000 土地利用现状数据

序号	字段名称	实际字段代码	字段类型	字段长度	说明
0	空间数据图形	Shape	Shape		
1	目标标识码	FeatureID	Char	12	数据库唯一标识码
2	要素代码	FeatureCode	Char	4	
3	地类代码	TerraCode	Char	4	土地利用类型代码
4	地类名称	TerraName	VarChar	60	土地利用类型名称
5	土地净面积	ParcelPureArea	Float	14	
6	变更原因	ChgReason	VarChar	400	用地批文号
7	对应 1∶10 000 要素编号	FeaNO	Char	12	与 1∶10 000 要素对应关系
8	建立时间	CrtDate	Date	8	该地物建立的时间
9	变更时间	ModiDate	Date	8	该地物发生变更的时间
10	变更批号	ChgBatchNO	Char	12	变更该地物对应的变更动作的批号

表 6-2　土地利用变更记录表

序号	字段名称	实际字段代码	字段类型	字段长度	说明
0	变更批号	ChgBatchNO	Char	12	
1	批准类型	ApprType	Char	1	
2	调查记录表号	SurveyTblNO	Char	15	
3	变更前土地要素目标标识码	ChgBFeatureID	Char	12	变更前唯一标识码
4	变更前土地要素利用类型	ChgBTerraCode	Char	4	土地利用类型名称
5	变更前土地要素面积	ChgBArea	Float	14	
6	变更原因	ChgReason	VarChar	400	用地批文号
7	对应 1∶10 000 要素编号	FeaNO	Char	12	与 1∶10 000 要素对应关系
8	变更后土地要素目标标识码	ChgAFeatureID	Char	12	变更后唯一标识码
9	变更后土地要素地类号	ChgATerraCode	Char	4	
10	变更后土地要素面积	ChgAfterArea	Float	14	
11	变更地类面积	ChgArea	Float	14	发生变更土地面积
12	变更时间	ModiDate	date	8	

表 6-3 制图综合前后要素对应关系表

序号	字段名称	实际字段代码	字段类型	字段长度	说明
0	制图综合前比例尺	ChgBScale	Char	12	
1	制图综合前要素目标标识码	ChgBFeatureID	Char	12	
2	制图综合后比例尺	ChgAScale	Char	12	
3	制图综合后要素目标标识码	ChgAFeatureID	Char	12	
4	制图综合操作	CartoOpID	Char	4	制图综合操作代码

6.3 多尺度空间数据更新实例

在本实验系统中，多尺度空间数据更新的数据源可以为外业调查发现的地块变更，也可以是从用地科产生的相关土地变更信息，在对土地利用现状图进行相应变更时可以采用两种方式：根据土地变更的数据文件对土地利用现状图进行自动变更（直接数据入库，并对土地利用历史数据和变更记录表作相应修改）；根据发生变更土地利用要素坐标用系统提供的“数据编辑”功能进行手动更新，实验系统的主界面如图 6-3 所示。对 1∶1000 土地利用进行变更并相应地修改土地利用历史库、变更记录表后，根据 1∶1000 与 1∶10 000 地理要素之间对应关系来查找需要对哪些地理要素进行新的制图综合，并选择合适的制图综合操作算子来进行 1∶10 000 土地利用图的更新。制图综合更新后得到的 1∶10 000 土地利用图与 1∶1000 土地利用现状图之间进行一致性评价，重点考察变更得到的新地理要素与周围要素之间的一致性是否保持，然后根据一致性评价结果来判断是否需要重新进行制图综合。

图 6-4A 是 1∶1000 土地利用现状图进行数据更新后某一区域的地理要素图，它包含 88 个面状目标、7 个线状目标及 70 个点状目标。对该区域地理要素图进行制图后得到的 1∶10 000 土地利用图的放大图，如图 6-4B 所示，它包含 72 个面状目标、4 个线状目标和 54 个点状目标。根据 1∶1000 土地利用数据中 1∶1000 与 1∶10 000 土地利用图中目标的对应情况，可以发现在综合前的 165 个空间目标，在综合后变为 130 个空间目标。综合前后空间目标的数量发生了改变，同时由综合前后目标间对应关系发现有 5 个空间目标与其他空间目标之间的拓扑关系发生了改变，如图 6-4B 中所示，a 原来为分离的 3 个地理要素，现在合并为一个地理要素，且它与道路的拓扑关系由原来的相离变为相邻，b、c、d、e 也同样由于要素综合而发生了拓扑关系变化。在制图综合过程中，地理要素的语义没发生较大变化，而且制图综合是对变更后的现状图进行的，在时间关系上这两个比例尺的地理要素也是一致的。由于在土地利用调查研究中对地理要素的几何形态及其拓扑关系较为重视，我们将拓扑一致性评价指标的权重设置得相对较高。

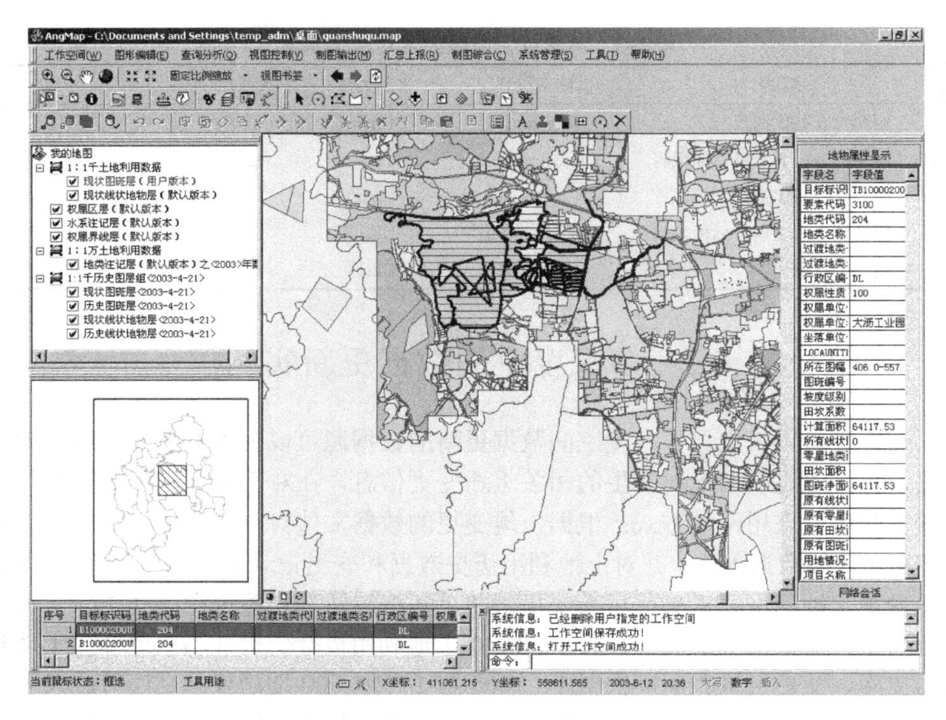

图 6-3 实验系统主界面图

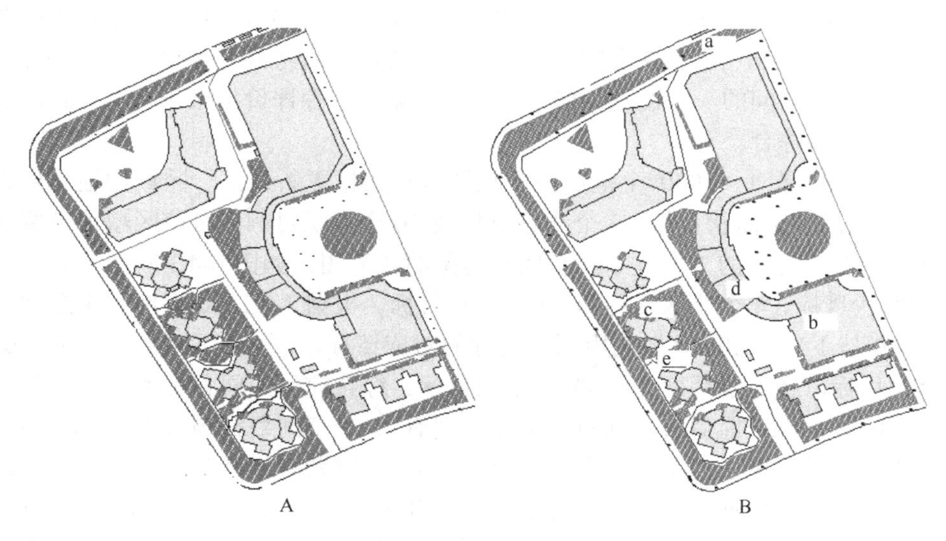

图 6-4 土地利用图综合前后对比

A. 综合前地理要素；B. 综合后地图要素

根据第 4 章中面向需求多尺度空间数据一致性评价模型计算公式，可以分别对单纯的拓扑一致性，以及面向需求多尺度空间数据一致性进行计算。计算过程如下：

$$C_p(D_S,\ D_S')=\frac{0.75\times5+1\times125}{130}=0.990$$

$$C(D_S,\ D_S')=0.7\times(0.5\times(1.5+23)+0.5\times25)/25+0.3\times(0.5\times(2.25+102)+0.5\times105)/105=0.992$$

可以看出如果用单纯的多尺度空间数据间拓扑关系一致性评价，综合前后地理要素之间拓扑关系的相似度为 0.990。从评价结果看该值接近于 1，由此推断综合过程中，地理要素之间的拓扑关系基本保持一致。但如果用书中提出的面向需求多尺度空间数据一致性评价模型，我们考虑该综合过程主要是点状地理要素的删除及面状地理要素的化简及聚合，因此，拓扑关系、语义关系在多尺度空间数据一致性评中较为重要。而且从土地利用变更调查的研究重点来看，对建设用地和农用地面积的关心程度较高，因此，在制图综合过程中，需要重点保持居民地密集的中心区域的地理要素之间的一致性。如图 6-4B 中的 b 和 d。对评价指标的权重进行相应调整后，我们利用第 4 章中介绍的面向需求多尺度空间数据一致性评价模型计算，发现综合前后地理要素之间的一致度变为 0.992，这主要是因为需要核心要素之间的一致度较高。

6.4　多尺度空间数据一致性评价实例

在上面的实例中，多尺度空间数据一致性评价在多尺度空间数据更新中为发生变更地理要素的制图综合提供依据，在实际应用中，多尺度空间数据一致性评价更多的应用是数据质量评价或对同一尺度不同数据源数据的选择上。

如图 6-5 所示，分图 A 和 B 都是对图 C 制图综合后生成的较小比例尺度的交通线路图，图中线颜色的深浅代表它们所表达道路对象等级的高低，颜色越深、道路等级越高。分图 A 和 B 它们的比例尺度相同，在制图综合过程中采用的都是线对象的化简和删除操作，所不同的是分图 A 根据道路等级的高低来判断制图综合过程中线是否该保留，而分图 B 则是根据路网的密集程度，对距离道路密集区较远的，道路等级较低的线进行了删除。从分图 A 和 B 分别与 C 的对比来看，它们在制图综合过程中都删除了 34 个线状地物，如果用普通的拓扑一致性评价模型来计算它们与图 C 的一致性，则它们计算结果的数值相差不大。但如果要对分图 C 进行特殊应用需求的制图综合，如物流司机希望在较小比例尺上查看与城市主干道（分图 C 中深色线表示的道路）相连通的道路情况，则在该任务下对分图 A 和 B 与分图 C 的一致性进行评价用普通的一致性评价模型就分辨不出它们之间的优劣，而用本书中提出的面向需求多尺度空间数据一致性评价模型，根据道路间语义关系，以及它们与城市主干道之间的距离来综合设定要素类的权重，由此计算它们在语义、拓扑和结构上的一致性，在此将语义、拓扑和结构一致性评价指标的权重设为一致的。根据第 4 章中介绍的多尺度空数据一致性评价模型计算，则得到的评价结果如表 6-4 所示。

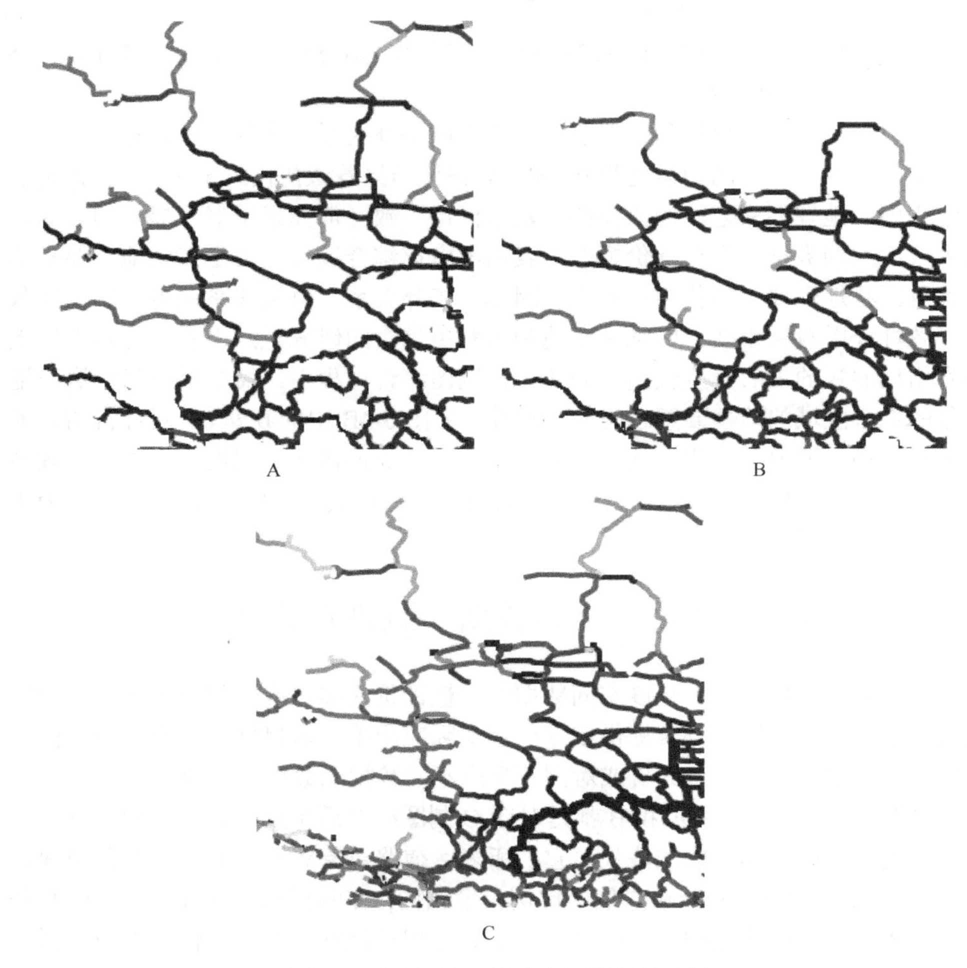

图 6-5　相同尺度不同数据源数据的选择

表 6-4　普通一致性评价与面向需求一致性评价结果对比

评价方法	空间要素集 A 与源尺度要素集间一致性	空间要素集 B 与源尺度要素集间一致性
普通一致性评价	0.931	0.928
面向需求一致性评价	0.904	0.957

显然，在该应用中，分图 B 与 C 的一致度高于分图 A 与 C 的一致度。根据评价结果用户应该选择分图 B 作为较小尺度的道路交通图。

参 考 文 献

艾廷华. 2000. 城市地图数据库综合的支撑数据模型与方法的研究. 武汉: 武汉测绘科技大学博士学位论文.

安德森 J R. 1989. 认知心理学. 长春: 吉林教育出版社.

毕思文, 许强. 2002. 地理系统科学. 北京: 科学出版社.

边馥苓. 1996. 地理信息系统原理和方法. 北京: 测绘出版社.

边馥苓. 2006. 空间信息导论. 北京: 测绘出版社.

蔡剑红, 李德仁. 2007. 多尺度下的不确定性空间方向锥形模型研究. 武汉大学学报(信息科学版), 32(8): 735-739.

陈军, 蒋捷. 2000. 多维动态 GIS 的空间数据建模、处理与分析. 武汉测绘科技大学学报, 25(3): 189-195.

陈军, 赵仁亮. 1999. GIS 空间关系的基本问题和研究进展. 测绘学报, 28(2): 95-102.

陈军. 2002. Voronoi 动态空间数据模型. 北京: 测绘出版社.

陈毓芬. 2000. 地图空间认知理论的研究. 郑州: 中国人民解放军信息工程大学博士学位论文.

承继成, 李琦, 易善桢. 1999. 国家空间信息基础设施与数字地球. 北京: 清华大学出版社.

崔巍, 蒋天发, 张德新. 2004. 用数据挖掘和本体实现空间信息系统语义互操作. 武汉理工大学学报(交通科学与工程版), 28(1): 118-121.

崔巍. 2003. 基于 Peer-to-Peer 网和地理 Ontology 的系统集成和互操作研究. 计算机工程与应用, (32): 45-47.

杜清运. 2001. 空间信息的语言学特征及其自动理解机制研究. 武汉: 武汉大学博士学位论文.

杜世宏, 王桥, 杨一鹏. 2004. 一种定性细节方向关系的表达模型. 中国图象图形学报, 9(12): 1496-1503.

杜晓初. 2005. 多重表达中空间拓扑关系等价性研究. 武汉: 武汉大学博士学位论文.

方涛. 1999. 多分辨率无缝影像数据库系统及相关技术研究——GeoImageDB V2.0 系统的开发与实现. 武汉: 武汉测绘科技大学博士后出站报告.

高俊. 1992. 地图空间认知与认知地图学. 见: 中国地图学年鉴. (1991). 北京: 中国地图出版社.

高俊. 2004. 地图学四面体——数字化时代地图学的诠释. 测绘学报, 33(1): 6-11.

龚健雅, 朱欣焰, 朱庆, 等. 2000. 面向对象集成化空间数据库管理系统的设计与实现. 武汉测绘科技大学学报, 25(4): 289-298.

郭建忠, 安敏. 1999. GIS 中多尺度地理数据的管理和应用. 解放军学院学报, 16(1): 47-49.

郭庆胜, 蔡永香, 杜晓初. 2006b. 在空间抽象中线状目标间拓扑关系的等价转换. 测绘科学, 31(5): 42-44.

郭庆胜, 陈宇箭, 刘浩. 2005a. 线与面的空间拓扑关系组合推理. 武汉大学学报(信息科学版), 30(6): 529-532.

郭庆胜, 丁虹, 刘浩, 等. 2005b. 面状目标之间空间拓扑关系的组合式分类. 武汉大学学报(信息科学版), 30(8): 728-731.

郭庆胜, 刘小利, 陈宇箭. 2006a. 线与线之间的空间拓扑关系组合推理. 武汉大学学报(信息科学版), 31(1): 39-42.

郭庆胜. 1998. 地图自动综合新理论与新方法的研究. 武汉测绘科技大学博士学位论文.

郭武斌. 2009. 车辆导航中空间数据多尺度模型及算法的研究. 大连: 大连理工大学博士学位

论文.
郝忠孝. 1994. 基于逆向 MVD 超图的求 MVD 最小覆盖算法研究. 计算机研究与发展, 31(12): 1-5.
黄慧. 2004. 基于边-节点和原子属性的多比例尺 GIS 数据模型. 武汉大学学报(信息科学版), 29(12): 1067-1070.
黄茂军, 杜清运, 吴运超, 等. 2004. 地理本体及其应用初探. 地理与地理信息科学, 20(4): 1-5.
景东升. 2005. 基于本体的地理空间信息语义表达和服务研究. 北京: 中国科学院博士学位论文.
李爱勤. 2001. 无缝空间数据组织及其多比例尺表达与处理研究. 武汉: 武汉大学. 博士学位论文.
李成名, 陈军. 1998. 基于 Voronoi 图的空间邻近定义与查询. 武汉测绘科技大学学报, 23(2): 128-131.
李德仁. 2003. 论 21 世纪遥感与 GIS 的发展. 武汉大学学报(信息科学版), 28(2): 127-131.
李景, 苏晓鹭, 钱平. 2003. 构建领域本体的方法. 计算机与农业, (7): 7-10.
李霖. 1997. 地理信息系统空间目标查询模型的研究. 武汉: 武汉测绘科技大学博士学位论文.
刘守军, 黄慧, 张燕江. 2003. 无拓扑关系下 GIS 图形编辑联动的解决方法. 武汉大学学报(信息科学版), 28(1): 111-114.
刘亚彬, 刘大有. 2000. 空间推理与地理信息系统综述. 软件学报, 11(12): 1598-1606.
鲁学军, 励惠国, 陈述彭. 2000. 地理时空等级组织体系初步研究. 地球信息科学, (1): 60-66.
鲁学军, 周成虎, 张洪岩, 等 2004. 地理空间的尺度-结构分析模式探讨. 地理科学进展, 23(2): 107-114.
闾国年, 张书亮, 龚敏霞. 2003. 地理信息系统集成原理与方法. 北京: 科学出版社.
罗晓燕, 袁燕岩, 蔡恒刚. 2004. 大比例尺地形图数据库数据更新一体化技术综述. 北京测绘, 2: 20-23.
马蔼乃. 2001. 地理知识的形式化. 测绘科学, 26(4): 8-12.
梅琨. 2008. 分布式环境下地理空间信息语义查询服务的研究. 武汉: 武汉大学博士学位论文.
欧阳继红. 2005. 时空推理中一些问题的研究. 吉林: 吉林大学博士学位论文.
潘瑜春, 钟耳顺, 赵春江. 2004. GIS 空间数据库的更新技术. 地球信息科学, 6(1): 36-39.
齐清文, 张安定. 1999. 关于多比例尺 GIS 中数据库多重表达的几个问题的研究. 地理研究, 18(2): 161-170.
舒红, 陈军, 杜道生, 等. 1997. 面向对象的时空数据模型. 武汉测绘科技大学学报, 22(3): 229-233.
司马贺. 1986. 人类的认知——思维的信息加工理论. 荆其诚, 张厚粲译. 北京: 科学出版社.
孙敏, 陈秀万, 张飞舟. 2004. 地理信息本体论. 地理与地理信息科学, 20(3): 6-11.
王家耀, 等. 1993. 普通地图制图综合原理. 北京: 测绘出版社.
王家耀, 武芳. 1998. 数字地图自动制图综合原理与方法. 北京: 解放军出版社.
王家耀. 2001. 空间信息系统原理. 北京: 科学出版社.
王桥, 毋河海. 1998. 地图信息的分形描述与自动综合研究. 武汉: 武汉测绘科技大学出版社.
王甦, 汪安圣. 1992. 认知心理学. 北京: 北京大学出版社.
王晏民, 李德仁, 龚健雅. 2003. 一种多比例尺 GIS 方案及其数据模型. 武汉大学学报(信息科学版), 28(4): 458-462.
王晏民. 1996. 一种矢量 GIS 数据模型及其关系数据结构. 测绘工程, 5(2): 20-26.
王晏民. 2002. 多比例尺 GIS 矢量空间数据组织研究. 武汉: 武汉大学博士学位论文.
魏海平. 2000. GIS 中多尺度地理数据库的研究与应用. 测绘学院学报, 17(2): 134-137.

邬建国. 2000. 景观生态学——格局、过程、尺度与等级. 北京: 高等教育出版社.

毋河海. 1991. 地图数据库系统. 北京: 测绘出版社.

毋河海. 1995. 河系树结构的自动建立. 武汉测绘科技大学学报, 20(增刊): 7-14.

吴凡. 2002. 地理空间数据的多尺度处理与表示研究. 武汉: 武汉大学博士学位论文.

武芳. 2000. 协同式地图自动综合的研究与实践. 郑州: 解放军信息工程大学博士学位论文.

谢琦, 刘大有, 陈娟. 2007. 结合拓扑和方位的定性空间推理方法. 计算机应用研究, (2): 57-59.

谢琦. 2006. 空间方位关系模型与时空结合推理的研究. 长春: 吉林大学博士学位论文.

徐洁磐, 马玉书, 范明. 2000. 知识库系统导论. 北京: 科学出版社.

应申, 李霖, 闫浩文, 等. 2006. 地理信息科学中的尺度分析. 测绘科学, 31(3): 18-19.

张家庆. 1994. 大区域分布式 GIS 软件设计的研究. 中国测绘学会 94 地理信息系统学术讨论会.

张锦, 董晓媛, 金雁中. 2005. 多源数据更新地理空间数据库的理论与关键技术. 科技导报, 23(8): 71-74.

张锦. 1999. 面向对象的超图空间数据模型. 测绘通报, (5): 13-15.

张锦. 2004. 多分辨率空间数据模型理论与实现技术研究. 北京: 测绘出版社.

张永忠. 2001. 美国当代 GIS 研究的 19 个方向. 遥感信息, (3): 43-44.

赵军喜, 陈毓芬. 1998. 认知地图及其在地图制图中的应用. 地图, (2): 11-13.

赵文武, 傅伯杰, 陈利顶. 2002. 尺度推绎研究中的几点基本问题. 地球科学进展, 17(6): 905-911.

周成虎, 孙战利, 谢一春. 1999. 地理元胞自动机研究. 北京: 科学出版社.

周捍东, 李勇, 彭聪. 2014. 基于复杂网络的城市公共交通多尺度空间数据模型研究. 测绘与空间地理信息, 37(10): 110-112.

朱庆, 高玉荣, 危拥军, 等. 2003. GIS 中三维模型的设计. 武汉大学学报(信息科学版), 28 (3): 283-287.

Ahl V, Allen T. 1996. Hierarchy Theory: a Vision, Vocabulary and Epistemology. New York: Columbia University Press.

Allen J F. 1983. Maintaining knowledge about temporal intervals. Communications of the ACM, 26(11): 832-834.

Atkinson R C, Shiffrin R M. 1968. The psychology of learning and motivation. *In*: Spence K W, Spence J T. New York: Academic Press: 89-195.

Baader F, Horrocks I, Sattler U. 2005. Description logics as ontology languages for the semantic web. *In*: Hutter D, Stephan W. Mechanizing Mathematical Reasoning: Essays in Honor of Jörg Siekmann on the Occasion of His 60th Birthday. Heidelberg: Springer: 228-248.

Ballard D H. 1981. Strip Trees: a hierarchical representation for curves. Communications of the Acm, 24(5): 310-321.

Beard K, Mackaness W. 1991. Generalization Operations and Supporting Structures. Proceedings of Auto Carto 10: 29-45.

Beard M K. 1991. Theory of the cartographic Line Revisited/Implication for Automated Generalization. Cartographica, 28(4): 32-58.

Beer S. 1967. Management Science. London: Aldus Books.

Bennett B. 2002. Geo-ontology[EB/OL]. Report in Workshop on Geo-ontology. http: //www.comp.leeds.ac.uk/brandon/geo-ontology/[2016-10-20].

Bittner T, Stell J G. 2001. Rough sets in approximate spatial reasoning. Proeeeding of the Second lnternational Conference on Rough Sets and Current Trends in Computing, 2005: 445-453.

Bittner T, Stell J G. 2002. Approximate qualitative spatial reasoning. Spatial Cognition and

Computation, 2: 435-453.

Bjorke J T. 2004. Topological relations between fuzzy regions: derivation of verbal terms. Fuzzy Sets and Systems, 141: 449-467.

Borges K, Clodoveu A, Alberto L. 2001. OMT-G: An object-oriented data model for geographic application. Geoinformatica, 5(3): 221-260.

Brassel K, Weibel R. 1988. A review and conceptual framework of automated map generalization. International Journal of Geographic Information Systems, 2(3): 229-244.

Bruce B. 1972. A model for temporal references and its application in a question answering program. Artificial Intelligence, 3(1-3): 1-25.

Bruegger B P, Frank A U. 1989. Hierarchies over Topological Data Structures. In: ASPRS/ACSM Annual Convention, Baltimore, MD, March 1989: 137-145.

Bruegger B P. 1995. Theory for The Integration of Scale and Representation Formats: Major Concepts and Practial Implications. Berlin Heidelberg: Sprinper: 297-310.

Bundy G L, Jones C B, Furse E. 1995. Holistic Generalization of Large-scale Cartographic Data. *In*: Fisher P F. Innovations in GIS 2. Taylor and Francis: 19-31.

Buttenfield B P, Delotto J S. 1989a. Scientific Report for the Specialist Meeting of the National Center for Geographic Information and Analysis(NCGIA)Research Initiative 3. New York: Department of Geography, SUNY Buffalo.

Buttenfield B P, Delotto J S. 1989b. Multiple Representations. National Center for Geographic Information and Analysis, NCGIA, Scientific Report for the Specialist Meeting, Technical Paper, 89-3.

Buttenfield B P, McMaster R B. 1991. Map generalization: modeling and cartographic considerations. *In*: J C Muller, Lagrange J P, Weiber R. GIS and Generalization: Methodology and Practice. London: Taylor & Francis: 91-106.

Buttenfield B P. 1993. Multiple Representations Closing Report for the National Center for Geographic Information and Analysis(NCGIA)Research Initiative 3. New York: Department of Geography, SUNY Buffalo.

Buttenfield B P. 1995. Object-Oriented Map Generalization: Modeling and Cartographic Considerations. *In*: Müller J C, Lagrange J P, Weibel R. GIS and Generalization-Methodology and Practice. London: 91-105.

Cao C, Lam N S. 1997. Understanding the Scale and Resolution Effects in Remote Sensing and GIS. *In*: Quattrochi D A, Goodchild M F. Scalein Remote Sensing and GIS. New York: Lewis Publishers: 57-72.

Carvalho J A P. 1998. Topological Equivalence and Similarity in Multi-Presentation Geographic databases. Ph D Thesis, University of Maine.

Chang S K, Shi Q Y, Yan C W. 1987. Iconic indexing by 2D strings. IEEE Transactions on Pattern Analysis and Machine Intelligence. 9(3): 413-427.

Chen J, Li C M, Li Z L. 2001. A Voronoi-based 9-intersection model for spatial relations. International Journal of Geographical Information Science, 15(3): 201-220.

Clayton K, Chorley R J, Kennedy B A. 1972. Physical Geography—A Systems Approach. Geographical Journal, 138(2).

Clementini E, Felice P, Califano G. 1995. Composite regions in topological queries. Information Systems, 20(7): 579-594.

Clementini E, Felice P, Hernandez D. 1997. Qualitative representation of positional information. Artificial Intelligence, 95: 317-356.

Cohn A G, Bennett B, Goooday J, et al. 1997. Qualitative spatial representation and reasoning with region connection calculus. GeoInformatica, 1(3): 1-44.

Cohn A G, Hazarik A S. 2001. Qualitative spatial representation and reasoning: an overview. Fundamenta Informaticae, 46(7): 551-596.

Cohn A G. 1995. A Hierarchical Representation of Qualitative Shape Based on Connection and Convexity. Berlin Herdelberg: Springer: 311-326.

Cola L D. 1997. Multiresolution covariation among Landsat and AVHRR vegetation indices. *In*: Quattrochi D A, Goodchild M F. Scalein Remote Sensing and GIS. C R C Press: Boca Raton, 73-92.

Dobson M W. 1983. Visual Information processing and cartographic communication: The Utility of Redumdant Stimulus Dimensions. *In*: Taylor D R F. Graphic Communication and Design in Contemporary Cartography. New York: John Wiley & Sons Ltd.

Du S, Qin Q, Wang Q. 2005. Fuzzy description of topological relationsl: a unified fuzzy 9-intersection model. *In*: Wang L, Chen K, Ong Y S. Advances in Natural Computation, Lecture Notes in Computer Scienee. Berlin Heidelberg: Springer: 1261-1273.

Duntton G. 1996. Improving Locational Specificity of Map Data—A Multi-Resolution, Metadata-Driven Approach and notation. Int J Geographical Information Systems, 10(3): 253-268.

Egenhofer M J, Al-Taha K. 1992. Reasoning about gradual changes of topological relationships. International Conference Gis-From Space to Territory: Theories and Methods of Spatio-Temporal Reasoning in Geographical Space. Springer Berlin Heidelberg, 196-219.

Egenhofer M J, Clementin E, Felice P D. 1994a. Evaluating Inconsistencies Among Multiple Representations. Sixth International Symposium on Spatial Data Handling, Edinburgh, Scotland: 901-920.

Egenhofer M J, Clementin E, Felice P D. 1994b. Topological relations between regions with holes. International Journal of Geographical Information Systems, 8(2): 129-144.

Egenhofer M J, Franzosa R D. 1994c. On the equivalence of topological relations. International Journal of Geographical Information Systems, 8(6): 133-152.

Egenhofer M J, Franzosa R. 1991. Point-set topological spatial relations. International Journal of Geographical Information Systems, 5(2): 161-174.

Egenhofer M J, Herring J A. 1990. A mathematical framework for the definition of topological relationships. *In*: Proceedings of the Fourth International Symposium on Spatial Data Handling (Columbus, OH: International Geographical Union), 803-813.

Egenhofer M J, John R H. 1991. Categorizing Binary Topological Relations Between Regions, Lines and Points on Geographic Databases. Orono: Technical Report, Department of Surveying Engineer, University of Maine, Orono.

Egenhofer M J, Mark D M. 1995a. Naïve Geography. *In*: Frank A U, Kuhn W. Spatial Information Theory: A Theoretical Basis for GIS. Lecture Notes in Computer Sciences. Berlin: Springer-Verlag: 1-15.

Egenhofer M J, Mark D M. 1995b. Modeling conceptual neighborhoods of topological line-region relation. Int. J. GIS, 9(5): 555-565.

Egenhofer M J. 1993. A model for detailed binary topological relationships. GeoInformatica, 47(3-4): 261-273.

Egenhofer M J. 1998. Heterogeneous Geographic Databases. http: //www.ncgia.maine.edu/[2016-10-10].

Fensel D. 2001. Ontologies: Silver Bullet for Knowledge Management and Electronic Commerce. Berlin Heidelberg: Springer.

Fonseca F, Egenhofer M F. 1999. Ontology-Driven Geographic Information Systems. *In*: Medeiros C B. 7th ACM Symposium on Advances in Geographic Information Systems. Kansas City: MO: 14-19.

Fonseca F, Egenhofer M, Agouris P, et al. 2002. Using ontologies for integrated geographic information systems. Transactions in GIS, 6(3): 231-257.

Frank A U. 1991. Qualitative spatial reasoning about cardinal directions. *In*: Mark D, White D. Proceedings of the 7th Austrian Conference on Artificial Intelligence Wien Austria: 157-167.

Frank A U. 1996. Qualitative spatial reasoning: cardinal directions as an example. International Journal of Geographical Information Science, 10(3): 269-190.

Frank A U. 1997. Spatial ontology: a geographical information point of view. *In*: Stock O. Spatial and Temporal Reasoning. Dordrecht, The Netherlands: Kluwer Academic Publishers, 135-153.

Frank A U. 2003. Ontology for Spatio-temporal Databases. *In*: Sellis T, et al. Spatiotemporal Databases: The Chorochronos Approach. Lecture Notes in Computer Science. Berlin: Springer-Berlag.

Gardner R H. 1998. Pattern, process and analysis of spatial scales. *In*: Peterson D L, Parker T V. Ecological Scale Theory and Applications. New York: Columbia University Press.

Giritli M. 2003. Who Can connect In RCC? Gunter A, Kruse R, Neumann B. KI 2003. Berlin: Springer-Verlag: 565-579 .

Goodchild M F, Proctor J. 1997. Scale in a digital geographic world. Geographical and Environmental Modeling, 1(1): 5-23.

Goodchild M F, Quattrochi D A. 1997. Scale, Multiscaling, Romote Sensing, and GIS. *In*: Quattrochi D A, Goodchild M F. Scale in Remote Sensing and GIS. Lewis Publishers: 1-14.

Goodchild M F. 2001. A Geographer Looks at Spatial Information Theory. MONTELLO D R. Proceedings of COSIT'01. Berlin: Springer-Verlag: 1-13.

Goodchild M F. 2007. Citizens as Voluntary Sensors. http: //ijsdir.jrc.it/editorials/goodchild.pdf [2016-8-9].

Gottfried B. 2003. Tripartite Line Tracks, Qualitative Curvature Information. in Spatial Information Theory: Foundations of Geographic Information Science(COSIT2003). Berlin Heidelberg: Springer-Verlag, LNCS2825: 101-117.

Govorov M, Khorev A. 1996. Object-Oriented GIS and Representation of Multi-Detailed Data. International Archives of Photogrammetry and Remote Sensing, Vienna, Vol.XXXI, Part B4.

Govorov M. 1995. Representation of the generalized data structures for multi-scale GIS. Proceedings of 17th ICA Conference, Barcerona.

Goyal R, Egenhofer M J. 1997. The Direction-Relation Matrix: A Representation for Directions Relations Between Extended Spatial Objects. In The Annual Assembly and the Summer Retreat of University Consortium for Geographic Information Systems Science. Bar Harbor, ME.

Gruber T. 1993. A Translation Approach to Portable Ontology Specifications. Standford University Knowledge System Laboratory, Tech Rep: logic-92-1. ftp: //ftp.ksl.standford.edu/pub/KSL-92-71.ps.[2016-9-30].

Gruninger M U M. 1996. Ontologies: principles, methods and applications. The Knowledge Engineering Review, 11(2): 93-136.

Guarino N, Giaretta P. 1995. Ontologies and knowledge bases: towards a terminological clarification. *In*: Mars N. Towards Very Large Knowledge Bases. Amsterdam: IOS Press: 25-32.

Guarino N. 1994. The Ontological Level. *In*: Castati R, Smith B, White G. Philosophy and the Cognitive Science, Holder-Pichcer-Tempsky Vienna: 443-456.

Guarino N. 1998. Formal ontology in information systems. http: //www.inf.puc-rio.br/casanova/Topicos-WebBD/References/guarino-FOIS98.pdf [2016-8-30].

Guarino N. 2004. Helping people(and machines)understanding each other: the role of formal ontology. CoopIS/DOA/ODBASE, 1: 599.

Hakimpour F, Timpf S. 2001. Using ontologies for risolutions semantic heterogentity in GIS. Proceedings of the 4th AGILE Conference on Geographic Information Science. Brno, Czech

Repubilc: AGILE: 385-395.
Han J, Kambr M. 2000. Data Mining: Concepts and Techniques. Data Mining concepts Models Methods & Algorithms Second Edition, 5(4): 1-18.
Hasebrook J. 1995. Multimedia-Psychologie. Eine neue Perspektive menschlicher Kommunikation. Heidelberg: Spektrum.
Herot C F, Carling R, Friedell M, et al. 1980. A Prototype Spatial Data Management System. Acm Siggraph Computer Graphics, 14(3): 63-70.
ISPRS Commission IV, ICA Commission on Map Generalization, First Call for Participation Joint Workshop on Multi-Scale Representations of Spatial Data.http: //www.geomatics2002.org [2016-7-29].
Jones C B, Kidner D B. 1996. Database design for a multi-scale spatial information system. INT J GIS, 10(8): 901-920.
Jones C B. 1991. Database Architecture for Multi-scale GIS. Auto-Carto, 10: 1-14.
Kang H K, Do S H, Li K J, et al. 2000. Model-Oriented Generalization Rules. Pusan Teachnical Report, Department of Geographic Information Systems, Pusan National University.
Kavouras M, Kokla M. 2000. Ontology-Based Fusion of Geographic Databases. Spatial Information Management, Experiences and Visions for the 21st Century, International Federation of Surveyors, Commission 3-WG 3.1, Athens, Greece, October 2000.
Kilpelainen T. 2000a. Multiple representation databases for topographic data. The British Cartographic Society, 37: 101-107.
Kilpelainen T. 2000b. Knowledge acquisition for generalization rules. Cartography and Geographic Information Science, 27(1): 41-50.
Knopeli R. 1983. Communication theory and generalization. *In*: Taylor D. Graphic Communication and Design in Contemporary Cartography. New York, NY: John Wiley: 177-218.
Kulik L, Duckham M, Egenhofer M J. 2005. Ontology-driven map generalization. Journal of Visual Languages and Computing, 16(3): 245-267.
Lagrange J P. 1997. Generalization: Where Are We? Where Should We Go? *In*: Craglia M, Couclelis H. Geographic Information Research: Bridging the Atlantic. Boca Raton: Crc Press: 187-204.
Lam N D, Quattrochi D A. 1992. On the issues of scale, resolution, and fractal analysis in the mapping sciences. The Professional Geographer, 44: 88-98.
Lee D. 1993. From Master Database to Multiple Cartographic Representations. Cologne Germany. Proceedings of the 16th International Cartographic Conference II: 1075-1085.
Leung Y, Leung K S, He J Z. 1999. A generic concept-based object-oriented geographical information system. INT J Geographical Information Science, 13(5): 475-498.
Levin S A. 1992. The problem of pattern and scale in ecology. Ecology, 73: 1943-1967.
Leyton M. 1998. A Process Grammar for Shape. Artificial Intelligence, 34(2): 213-247.
Li Z L. 1996. Scale Issues in Geographical Information Science. Wuhan, China: Proceeding of Wuhan Geoinfomatics'96.
Li Z L. 1999. Scale: A Fundamental Dimension in Spatial Representation Towards. Digital Earth—Proceedings of the International Symposium on Digital Earth. Beijing: Science Press.
Lindholm B M, Sarjakoski T. 1994. Designing a Visualization User Interface. *In*: Alan M, Maceachnen M, Fraser Taylor. Modern Cartography Series, Academic Press, (2): 167-184.
Lindoholm M, Sarjakoski T. 1992. User models and information theory in the design of a query interface for GIS. Theories and Methods of Spatio-Temporal Reasoning in Geographic Space, Springer Verlag, Berlin, 639: 328-347.
Liu K F, Shi W Z. 2006. Computingt the fuzzy topological relations of spatial objects based on induced fuzzy topology. International Journal of Geographical Information Science(IJGIS),

20(8): 857-883.
Lu D, Mausel P, Brondízio E, et al. 2004. Change detection techniques. International Journal of Remote Sensing, 25(12): 2365-2407.
Mark D M, Egengofer M F, Hirtle S C. 2000. Ontological Foundations for Geographic Information Science. [EB/OL], http: //www.ucgis.org/priorities/research/research_white/_2000%20papers/emerging/ontology_new.pdf[2016-9-28].
Mark D M, Egengofer M F. 1994. Modeling spatial relations between lines and regions: combining formal mathematical models and human subjects testing. Cartography and Geographic Information Systems, 21(4): 195-212.
Mark D M, Freksa C, Hirtle S. C, et al. 1999. Cognitive model of geographical space. INT J Geographical Information Science, 13(8): 747-774.
Mark D M. 1989. Conceptual Basis for Geographic Line Generalization. Proceedings Auto-Carto 9. Ninth International Symposium on Comuter-Assisted Cartography. Baltimore: 68-77.
Mark D M. 1997. Cognitive perspectives on spatial and spatio-temporal reasoning. *In*: Craglia M, Couchelelis H. Geographic Information Research Bridging the Atlantic. London: Taylor and Francis.
Martin G. 2001. Modeling Constraints for Polygon Generalization. Beijing: Proceeding 5th ICA Workshop on Progress in Automated Map Generalization.
McCarthy J, Hayes P. 1969. Some philosophical problems from the standpoint of artificial intelligence. *In*: Meltzer B, Michie D. Machine Intelligence. Edinburgh: Edinburgh University Press: 462-502.
McMaster M, Buttenfield B. 1997. Formalizing cartographic knowledge. *In*: Craglia M, Couclelis H. Geographic Information Research: Bridging the Atlantic. Abingdon, England: 205-223.
McMaster R B, Shea K S. 1988. Cartographic Generalization in a Digital Environment: A Framework for Implementation in a Geographic Information System. San Antonio, Texas: Proceedings of GIS/LIS'88: 240-249.
McMaster R B, Shea K S. 1992. Generalization in Digital Cartography. Washington: American Association of Geographers.
Medeiros C B, Bellosta M J, Jomier G. 1996. Managing multiple representations of georeferenced elements. In Proceedings of the Database and Expert System Application (DEXA'96), Zurich, Switzerland: 364-370.
Meng L Q. 1997. Automatic Generalization of Geographic Data. http: //129.187.175.5 _/publications/meng/paper/generalization1997.pdf [2016-8-28].
Mennis J L, Peuquet D, Guo D. 2000. Representing Multiple Levels of Abstraction in GIS Using Object-oriented Techniques. First International Conference on Geographic Information Science. October 28-31, 2000, Savannah, Georgia, USA. http: //www.giscience.org/[2016-10-2].
Miene A, Visseru. 2002. Interpretation of spatio-temporal relations in real-time and dynamic environments. Robocup: Robot Soccer World Cup V, 2377(4): 441-447.
Molenaar M. 1989. Single valued vector maps—a concept in GIS. Geo-Information Systems, 2(1): 18-26.
Molenaar M. 1990. Formal Data Structure for 3d Vector Maps. Switzerland *In*: Proceedings of 4th International Symposium on Spatial Data Handling, Zurich.
Montello D R, Golledge R G. 1998. Summary Report: Scale and Detail in the Cognition of Geographic Information. Santa Barbara, California: Project Varenius Workshop.
Montello D R. 1993. Scale and multiple psychologies of space. In: Frank A U, Campari I. Spatial Information Theory: A Theoretical Basis for GIS. Berlin: Springer-Verlag: 312-321.
Muller J C, et al. 1994. 用于地图综合的过程、逻辑和神经元网络工具 // 国家测绘局. 第 16 届国际地图制图学会议论文译文选集. 北京: 测绘出版社.
Muller J C, Lagrange J P, Weibel R. 1995. GIS and Generalization: Methodology and Practice. Paris: Taylor and Francis: 3-17.
Muller J C. 1989. Theoretical Consideration for Automated Map Generalization. ITC Journal the Netherlands, 4(3): 200-204.
Muller J C. 1991. Generalization of Spatial Database. Geographical Information Systems Principles, 1: 457-475.
Muller P. 1998. A qualitative theory of motion based on spatio-temporal primitives. *In*: Anthony C, Schubert L K, Shapiro S C. Proc. of the 6th Int'l Conf. on Knowledge Representation and Reasoning. Trento: Morgan Kaufmann: 131-143.
NCGIA. 1993. NCGIA Research Initiatives. http: //www.ncgia.ucsb.edu/ [2016-10-21].
NCGIA. 1997. Scale and Detail in the Cognition of Geographic Information. http: //www.ncgia.ucsb.edu [2016-8-28].
NCGIA. 2001. GIS and Spatial Cognitive. http: //www.geog.ubc.ca/courses/ klink/gis.notes/ncgia/toc.html[2016-8-28].
Nebel B, Burckert H. 1995. Reasoning about temporal relations: a maximal tractable subclass of Allen's interval algebra. Journal of the Association for Computing Machinery, 42(1): 42-66.
Neches R, Fikes R E, Gruber T R. 1991. Enabling technology for knowledge sharing. AI Magazine, 12(3): 36-56.
Newell R G, Theriault D G. 1992. Ten Difficult Problems in Building a GIS. SMALLWORLD Technical Paper 1. http: //sworldwatch.blogspot.co.uk/2011/08/smallword-technical-paper-no-1-ten.html.
Niki P, Ivan R, Kia M. 2001. Spatio-temporal modeling in video and multimedia geographic information systems. GeoInformatica, 5(4): 375-409.
OGC. 2003. Geography Markup Language(GML), v3.0. http: //pontal.opengeospatial.org/files/?artifact-id=7174.
Oosterom P V, Schenkelaars V. 1995. The development of an interactive multi-scale GIS. International Jounal of Geographical Information System, 9(5): 489-507.
Oosterom P V. 1991 The reactive-tree: a storage structure for a seamless scaleless geographic information systems. In Proceedings of Auto-Carto, 10: 393-407.
Oosterom P V. 1997. Maintaining consistent topology including historical data in a large spatial database. Autocarto, 13: 327-336.
Open GIS Consortium. Abstract Specification Topic 10: Feature Collections. Nine Layers of Abstraction with Additional Interfaces[EB/OL]. http: //portal.opengeospatial.org/files/?artifact_id=897[2016-10-21].
Open GIS Consortium. 2007. Geography Markup Language Encoding Standard [EB/OL]. http: //www.opengeospatial.org/standards/gml[2016-10-21].
Palshikar G K. 2004. Fuzzy region conneetion calculus infinite diserete space domains. Applied Soft Comuting, 4: 13-23.
Papadias D, Egenhofer M J, Sharma J. 1996. Hierarchical reasoning about direction relations. In: Proceedings of the 4th International Symposium on Advances in Geographic Information Systems(ACM GIS'96). New York: ACM Press: 105-112.
Pauly A, Schneider M. 2005. Topological Predicates between vague spatial objeets. Berlin Heidelberg: Springer, 3633: 418-432.
Peterson D L, Parker T V. 1998. Dimension of scale in ecology, resource management and society. *In*: Peterson D L, Parker T V. Ecological Scale Theory and Applications. New York: Columbia University Press.

R R, Smeaton A F. 1995. Using WordNetina Knowledge-Based Approach to Information Retrieval. Tech-nical Report WorkingPaper CA-0395, School of Computer Applications, Dublin City University, Ireland.

Ramirez J R. 1996. Spatial data revision: toward an integrated solution using new technologies. IAPRS, 31(4): 677-683.

Randell D A, Zhan C, Cohn A G. 1992. A Spatial Logic Based on Region and Connection. *In* proceedings of the 3rd International Conference on Knowledge Representation and Reasoning, Morgan Kaufmann. Springer-Verlag: 165-176.

Renz J. 2001. A spatial odyssey of the interval algebra: directed intervals. *In*: Nebel.

Richardson D E, Mackaness W A. 1999. Computational processes for map generalization. Cartography and Geographic Information Science, 26(1): 7-18.

Rips R, Boschi G, Trinh M C, et al. 1973. Phenol-piperazine adducts showing anthelmintic properties. J Med Chem, 16(6): 725-728.

Rodriguez M A, Egenhofer M J. 1998. Determining semantic similarity among entity classes from different ontologies. http: //www.computer.org/tkde/tk2003/k0442abs.html[2016-10-20].

Rykiel J R, Edward J. 1998. Relationships of Scale to Policy in Decision Making, in Ecology, Resource Management and Society. *In*: Peterson D L, Parker T V. Ecological Scale Theory and Applications. New York: Columbia University Press.

Schlegel A, Weibel R. 1995. Extending a General-Purpose GIS for Computer-Assisted Generalization. Barcelona: 17th International Cartographic Conference, Barcelona(E): 2211-2220.

Schmalstreg D. 1997. Lodestar: An Octree-based Level of Detail Generator for VRML. Siggraph Symposium on VRML ACM, 125-132.

Schneider D C. 1994. Quantitative Ecology: Spatial and Temporal Scaling. New York: Academic Press.

Schuldt A, Gottfried B, Herzog O. 2006. A Compact Shape Representation for Linear Geographical Objects: The Scope Histogram. In ACM-GIS'06 Arlington, Virginia, USA: ACM: 51-58.

Shafir E, Simonson I, Tversky A. 1993. Reason-based choice. Conition, 29: 11-36.

Shea K S, McMaster R B. 1992. Generalization in Digital Cartography. Washington D C: Association of American Cartographers.

Sheppard E, Mcmaster R B. 2004. Scale and geographic inquiry: contrasts, intersections, and boundaries. *In*: Sheppard E, Mcmaster R B. Scale and Geographic Inquing: Nature, Society and Method, Oxford: Blackwell Publishing. 256-267.

Silbemagel J. 1997. Scale perception from cartography to ecology. Bulletin of the Ecological Society of America, 78: 166-169.

Smith B, Mark D. 1998. Ontology and geographic kinds. 8th International Symposium on Spatial Data Handling(SDH'98), Vancouver: B C. Canada, 308-320.

Tang A Y, Adams T, Usery E L. 1996. A spatial data model design for feature-based geographical information systems. Int J Geographical Information Systems, 10(5): 643-659.

Tang X H, Meng L K, Qin K. 2009. A coordinate-based quantitative directional relations model. Second Intemational Symposium on Computational Intelligence and Design (ISCID2009), l: 483-488.

Thagard P. 1999. Mind: Introduction to Cognitive Science Cambridge Massachusetts: the MIT press.

Timpf S, Frank A U. 1995. A Multi-scale DAG for Cartographic Objects. Acsm/asprs, 2001: 157-163.

Timpf S. 1998. Hierarchical Structures in Map Series. Vienna Ph. D. Dissertation, Technical University of Vienna.

Tversky A. 1977. Features of similarity. Psychological Review, 84(4): 327-352.

UCGIS. 1996. Research priorities for geographical information science. Cartography and Geographic Information Systems, 23(3): 115-127.

UCGIS. 1998. Scale. http: //ww.ucgis.org/research98.html[2016-11-3].

van Oosterom P. 1991. The Reactive-Tree: A Storage Structure for A Seamless Scaleless Geographic Database. Proceedings Auto-Carto 10, Bethesda: American Congress for Surveying and Mapping: 393-407.

Visvalingham M, Whyatt J. 1990. The douglas-peucker algorithm for line simplification: re-evaluation through visualization. Computer Graphics Forum, 9: 213-228.

Wache H, Vogele T, Visser U, et al. 2002. Ontology-Based Information Integration: A Survey. International Journal on Artificial Intelligence.

Wachowicz M, Healey R G. 1994. Towards temporality in GIS. *In*: Worboys M F. Innovations in GIS. Taylor & Francis. London: crc press.

Weaver W. 1958. A Quarter Century in the Natural Sciences. New York: Annual Report, The Rockefeller Foundation.

Weibel R, Dutton G H. 1998. Constraint-based Automated Map Generalization. Proceeding 8th International Symposium on Spatial Data Handling. Vancouver: Canda, BC: 214-224.

Weibel R, Keller R, Reihenbacher T. 1995. Overcoming the knowledge acquisition bottleneck in map generalization: the role of interactive system and computational intelligence. *In*: Frank A U, Kuhn W. Spatial Information Theory, A Theoretical Basis for GIS, Proc. of International Conference COSIT'95. Austria: Spriger: 139-156.

Weibel R. 1991. Amplified Intelligence and Rule-based System. *In*: Buttenfield B P, McMaster R B. Map Generalization: Making Rules for Knowledge Representation. London: Longman.

Weibel R. 1995. Map generalization in the context of digital systems. Cartography and Geographic Information Systems, 22(4): 259-263.

William S, Austin T. 1999. Ontologies. IEEE Intelligent System, 1/2: 18-19.

Woodsford P. 1995. Object-Orientation, Cartographic Generalization and multi-product databases. Proceedings of 17th ICA Conference, Barcerona. Spain September 1995.

Zhan F B, Buttenfield P B. 1999. Multi-scale representation of a digital line. Cartography and Geographic Information Systems, 23(4): 206-228.

编 后 记

《博士后文库》（以下简称《文库》）是汇集自然科学领域博士后研究人员优秀学术成果的系列丛书。《文库》致力于打造专属于博士后学术创新的旗舰品牌，营造博士后百花齐放的学术氛围，提升博士后优秀成果的学术和社会影响力。

自《文库》出版资助工作开展以来，得到了全国博士后管理委员会办公室、中国博士后科学基金会、中国科学院、科学出版社等有关单位领导的大力支持，众多热心博士后事业的专家学者给予了积极的建议，工作人员做了大量艰苦细致的工作。在此，我们一并表示感谢！

《博士后文库》编委会